口絵1 春の落葉広葉樹林と林床に生育する草本(スプリングエフェメラル,spring ephemeral)
→p. 20

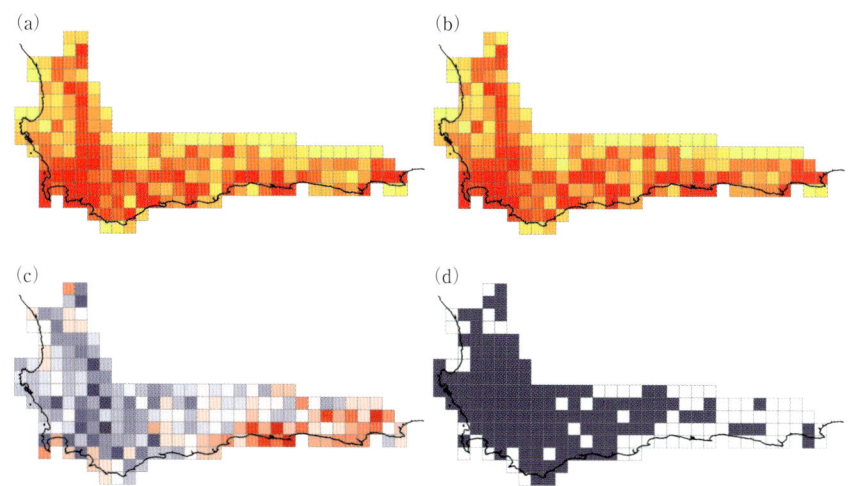

口絵2 南アフリカ共和国のケープにおける植生を対象に,種の多様性と系統的多様性の空間分布(およそ25 km×27 kmのグリッドをベースとした)を調査した結果 → p. 103
(a) 植物の属の数の空間分布パターン。黄色から濃い赤になっていくにつれてグリッドの値が大きくなることを表している。(b) 系統的多様性の空間分布パターン。黄色から濃い赤になっていくにつれてグリッドの値が大きくなることを表している。(c) 属の数に対する系統的多様性の回帰(局所回帰モデルによる)の残差の空間分布パターン。負の残差が大きくなるほどより青く,正の残差が大きくなるほどより赤く表されている。(d) 系統的多様性の期待値(本文参照)よりも実測値のほうが低いグリッド(青色のグリッド)の空間分布パターン。Forest et al. (2007) を改変。

口絵3　青森県八甲田山系に拡がる高層湿原群（筆者撮影）　→ p.119

ため池の堰堤

水田畦畔

口絵4　水田畦畔およびため池の堰堤に成立する半自然草原　→ p.181

生態学フィールド調査法シリーズ

3

占部城太郎
日浦 勉　編
辻 和希

植物群集の構造と多様性の解析

佐々木雄大・小山明日香・小柳知代
古川拓哉・内田 圭　著

共立出版

本シリーズの刊行にあたって

　錯綜する自然現象を紐解き，もの言わぬ生物の声に耳を傾けるためには，そこに棲む生物から可能な限り多くの，そして正確な情報を抽出する必要がある。21世紀に入り，化学分析，遺伝情報，統計解析など，生態学が利用できる質の高いツールが加速度的に増加した。このようなツールの進展にともなって，野外調査方法も発展し，今まで入手できなかった情報や，精度の高いデータが取得できるようになりつつある。しかし，特別な知識や技術をもちあわせたごく限られた研究者が見る世界はほんの断片的なものであり，その向こうにはまだまだ未知な領域が広がっている。さまざまな生物と共有している私たちが住む世界，その知識と理解を一層押し広げていくためには，だれでも適切なフィールド調査が行えることが望ましい。

　本シリーズはこのような要請に応えて，野外科学，特に生態学が対象とする個体から生態系に至る多様な現象を深く捉え，正しく理解していくための最新のフィールド調査方法やそのための分析・解析手法を，一般に広く敷衍することを目的に企画された。

　最新で質の高いデータを得るための調査手法は，世界の研究フロントで活躍している研究者が行っている。そこで執筆は，実際に最新の手法で野外調査を行い，国際的にも活躍しているエキスパートにお願いした。

　地球環境変化や地域における自然の保全など，生態学への期待は年々大きくなっている。今や，フィールド調査は限られた研究者だけが行うのではなく，社会で広く実施されるようになった。このため本書は，これから研究を始める学生や研究者だけでなく，コンサルタント業務や行政でフィールド調査に携わる技術者，中学校・高等学校で生態学を通じた環境教育を実践しようとする教員をも対象に，それぞれの立場で最新の科学的知見に基づいたフィールド調査に取り組めるような内容を目指している。

　フィールド調査は生態学の根幹であるが，同時に私たち人類にとっても重要

である。40年前に共立出版株式会社で企画・出版された『生態学研究法講座』にある序文の一節は，むしろ現在の要請としてふさわしい。「いまや人類の生存にも深くかかわる基礎科学となった生態学は，より深い解析の経験的・技術的方法論と，より高い総合の哲学的方法論を織りあわせつつ飛躍的に前進すべき時期に迫られている」

編集委員会
占部城太郎・日浦　勉・辻　和希

まえがき

　群集生態学は，群集の構造や多様性，すなわち種数や個々の種の個体数が，種間の相互作用（競争や促進効果など）や環境要因によって，どのように決定されているのかを明らかにする学問分野である。したがって，解析において必要となる生物群集のデータは，群集を構成する各種の個体数，被度，バイオマス（植物体の量）などを基本としている。また，環境変化による生物群集の変容を明らかにすることにより，生態系の管理や保全へとつなげていく応用研究も展開されている。

　本書は，植物群集を対象としている。これまでに，植物群集生態学に関して体系的に解説した教科書が数多く刊行されてきた。一方で，植物群集（あるいは生物群集一般）に関する解析手法を網羅的にまとめた教科書は非常に少なく，とくに和書では，筆者らの知る限り，小林四郎氏の『生物群集の多変量解析』(1995) の刊行以降，そのような書は存在していなかった。その後，近年のデータ解析技術の著しい発展にともなって，群集の多様性についての新たな定量化手法や，回帰分析の手法などが数多く生み出されてきた。しかし，技術発展の過程において，多くの優れた論文，数少ない方法書のほとんどは英語で書かれ，初学者の方から職業として研究に従事する方たちまでの多くの方に，日本語で書かれた最新の内容までを含んだ方法書が大いに必要とされていたのではないかと考えている。本書の執筆の意図の大部分は，この点にある。

　本書は全5章から構成されている。第1章を佐々木・小柳・小山が，第2章を小柳・古川が，第3章を佐々木・内田が，第4章を小山・内田が，第5章を佐々木・小山・小柳・内田が主に担当した。主な担当章以外にも筆者全員が本書の構成の立案および全章の執筆にかかわり，責任をもって編集作業を行った。

　まず第1章では，植物群集データの収集方法，および植物群集データの性質について，解析を行う前に把握しておくべき基礎的事項を解説している。第1章以降の章は，相互には関連しているが内容は独立しているため，基本的にど

の章から読み進めていただいても構わない．第2章では，多次元情報である植物群集データを定量的に要約する手法として発展してきた，序列化および分類の手法について解説する．第3章では，植物群集における多様性の維持機構の解明について，および多様性の評価・保全といった研究においてデータ解析の基本となる，多様性の定量化手法について解説する．第4章では，回帰分析において，群集データから応答変数および説明変数を抽出する方法について解説する．線形回帰から一般化線形混合モデルに至るまで，回帰分析の手法を広く解説する．第5章では，第1～4章までの内容をふまえ，著者たちが実際に行った研究で適用した解析手法を紹介する．どの研究も，植物群集の構造と多様性の変容や群集における種間相互作用を扱っており，生態系の管理・修復や生物多様性の保全への示唆までを含めた内容となっている．

　本書は，植物群集データの解析に焦点をあてているが，そのアプローチのほとんどは他の生物群集に対しても適用可能である．また，数式の多用はできるだけ控え，平易かつ簡潔な説明を心がけた．生物群集を対象とした研究や実務を行っている幅広い立場のみなさまに読んでいただけることを願っている．筆者一同，本書で植物群集のデータ解析について完全に網羅できたとは思っておらず，不十分な説明，間違い等もあるかもしれない．読者のみなさまのご感想・ご指摘・ご叱責をお願いし，執筆・編集業務をここで終えることとしたい．

　本書の執筆過程では，さまざまな方からの有益なコメント，またいくつかの間違いのご指摘もいただいた．赤坂宗光さん（東京農工大学），丑丸敦史さん（神戸大学），加藤和弘さん（放送大学），北川涼さん（森林総合研究所），長谷川元洋さん（森林総合研究所），に心から感謝申し上げたい．また，本書を執筆する機会を与えてくださり，親身になって編集の労を取っていただいた「生態学フィールド調査法シリーズ」編集委員会の日浦勉さん（北海道大学），占部城太郎さん（東北大学），辻和希さん（琉球大学）には深く感謝の意を表したい．さらに，本書の出版にあたっては，共立出版の山内千尋さん，信沢孝一さんに大変お世話になった．ここに厚く御礼を申し上げる．

2015年9月　　　　　　　　　　　　著者を代表して　佐々木　雄大

目　次

第1章　植物群集のデータとその性質　　1
- 1.1　はじめに……………………………………………………………… 1
- 1.2　植物群集データの収集……………………………………………… 2
  - 1.2.1　観察研究におけるデータの収集………………………… 3
  - 1.2.2　実験研究におけるデータの収集………………………… 8
- 1.3　植物群集データの性質……………………………………………… 9
  - 1.3.1　種組成データの構成要素………………………………… 10
  - 1.3.2　植物群集の解析に必要な基本データ…………………… 12
  - 1.3.3　環境傾度に沿った種の分布……………………………… 14
- 1.4　植物群集データの空間スケールと時間スケール……………… 15
  - 1.4.1　空間スケール……………………………………………… 15
  - 1.4.2　時間スケール……………………………………………… 19
  - 1.4.3　空間スケールと時間スケールの相互作用……………… 21
- 1.5　植物群集データを解析するためのツール……………………… 22

第2章　植物群集の序列化と分類　　24
- 2.1　はじめに……………………………………………………………… 24
- 2.2　植物群集の類似性…………………………………………………… 26
- 2.3　植物群集の序列化…………………………………………………… 28
  - 2.3.1　間接傾度分析……………………………………………… 29
  - 2.3.2　直接傾度分析……………………………………………… 47
- 2.4　植物群集の分類……………………………………………………… 50
  - 2.4.1　植物群集を分類するための手法………………………… 50
  - 2.4.2　分類されたグループを解釈する方法…………………… 58

第3章　植物群集の多様性の解析　71

- 3.1 はじめに 71
- 3.2 種の多様性の定量化 72
  - 3.2.1 多様度指数 74
  - 3.2.2 均等度指数 76
  - 3.2.3 種の多様性に関する研究例 77
- 3.3 種の形質を考慮した多様性の定量化 82
  - 3.3.1 機能的な豊かさの指標 85
  - 3.3.2 機能的な均等度の指標 90
  - 3.3.3 機能的な多様度の指標 92
  - 3.3.4 機能的多様性に関する研究例 94
- 3.4 種の系統情報を考慮した多様性の定量化 99
  - 3.4.1 系統的多様性の指標 101
  - 3.4.2 系統的多様性に関する研究例 103
- 3.5 多様性の空間スケール 107
  - 3.5.1 多様性の空間要素（α, β, γ 多様性） 108
  - 3.5.2 種数―面積関係 111
  - 3.5.3 多様性の空間パターン 115

第4章　植物群集データを用いた回帰分析　126

- 4.1 はじめに 126
- 4.2 応答変数と説明変数 128
  - 4.2.1 群集データから応答変数を抽出する 129
  - 4.2.2 説明変数のタイプ 137
- 4.3 線形回帰 138
  - 4.3.1 線形単回帰 139
  - 4.3.2 線形重回帰 141
  - 4.3.3 線形回帰を用いた研究事例 144
- 4.4 一般化線形モデル 147
  - 4.4.1 GLM の構成 147

   4.4.2 GLM におけるパラメータ推定……………………………… 149
   4.4.3 AIC 基準によるモデル選択 ……………………………… 154
   4.4.4 GLM を用いた研究事例…………………………………… 155
 4.5 一般化線形混合モデル……………………………………………… 157
   4.5.1 過大分散データ …………………………………………… 158
   4.5.2 一般化線形混合モデル …………………………………… 159
   4.5.3 GLMM を用いた研究例…………………………………… 160
 4.6 構造方程式モデル…………………………………………………… 165

第 5 章 植物群集の解析の応用事例 173

 5.1 はじめに……………………………………………………………… 173
 5.2 生態学的閾値の研究………………………………………………… 173
 5.3 植物—植物間相互作用の研究……………………………………… 176
 5.4 植物群集を介した植食性昆虫の多様性維持機構の研究………… 180
 5.5 絶滅の負債に関する研究…………………………………………… 187

付 録 R で植物群集データの解析を行うための主なパッケージ
     と解析手法 195

索 引 203

第 1 章　植物群集のデータとその性質

1.1　はじめに

　生態系とは，ある地域におけるすべての生物とそれを取り囲む非生物的な環境との相互作用からなるシステムである。ある地域におけるさまざまな生物種の集まりのことを生物群集 (biological community) と呼ぶ。生物群集は，植物群集，動物群集，菌類群集というように分類群によって限定することができる。さらに植物群集と生息する場所とを組み合わせて，森林植物群集，草原植物群集（図 1.1）といった呼び方をすることもある。本書では植物群集を取り扱い，それに関連するデータの解析手法について解説する。なお，植物群集は植物群落という呼び方，また漠然と植物種の集まりを指すときには植生という呼び方もあるが，本書ではこれらを互換的に用いる。

　生態学のうち，群集を取り扱う分野が群集生態学である。群集生態学は，群集の構造や多様性，すなわち種数や個々の種の個体数が，種間の相互作用（競争や促進効果など）や環境要因によって，どのように決定されているのかを明らかにすることを目的としている。したがって，解析において必要となる植物群集のデータは，群集を構成する各種の個体数，被度，バイオマス（植物体の量）などを基本とする。

　本章ではまず，野外における植物群集データの収集方法（1.2 節）について概観する。続いて，多変量のデータが中心となる植物群集データの性質（1.3 節），植物群集データを取り扱う上で注意すべき空間スケールと時間スケール（1.4 節）について解説し，最後に実際にデータを解析する際のツール（1.5 節）について紹介する。

図1.1 さまざまな生態系における植物群集
(a) 森林植物群集, (b) 草原植物群集, (c) 湿原植物群集, (d) 水生植物群集

1.2 植物群集データの収集

　植物群集データを扱う研究は主に, 野外における観察あるいは実験のいずれかをベースとしている。観察研究では自然のままの植物群集を調査・記録し, 一方, 実験研究では何らかの人為的処理・操作が加えられた野外の植物群集, あるいは人工的に新しく作り出された植物群集からデータを得る。観察および実験研究のいずれも, 自然のパターンや生態学の理論・概念から導かれる仮説の検証を目的としている。植物群集データの収集を行う際には, ①研究の意義, ②研究の目的と仮説, ③データ収集および得られるデータの解析に関するデザイン, の3点が明確になっている必要がある。とりわけ, 研究の目的・仮説とデータ収集・解析のデザインは, 事前に密接に関連づけておかなければな

らない．これにより，調査労力や研究資源（研究費用や調査関連資材など）の無駄を省き，効率的に研究を進めることができる．

　一般に，データ収集および解析に関するデザインにおいてはまず，応答変数と説明変数（実験の場合は処理・操作が対象とする要因やそのレベル）をあらかじめ設定する．ここで，応答変数とは予測したい変数であり，説明変数とは事象の原因，つまり応答変数を説明する変数である．したがって，たとえば，森林内の光条件や，土壌条件と林床植物群集の関係を検証する場合，応答変数として調査地点における林床植物群集の種組成データを，説明変数として調査地点の光強度・土壌栄養などの環境データを設定し，それらを収集する．得られたデータの解析方法は研究目的によって変わるが，環境条件と種組成の対応関係を把握したい場合には，第2章で紹介する序列化手法などを適用することができる．以下では，観察研究におけるデータ収集と実験研究におけるデータ収集を分けて解説する．

1.2.1　観察研究におけるデータの収集
(1) コドラート法

　植物群集は空間的に一定の広がりをもっており，そのすべてを調査することは難しい．そのため，野外での群集データの収集においては，あらかじめ決められた一定面積の枠などを調査区とし，ある局所的な群集の全体像の把握を試みる．ただし，ここでいう局所的な群集の空間スケールは，研究の目的に依存する．群集データの収集で広く用いられている手法は，コドラート（quadrat）法である．草原や湿原など草本植物が主に生育するような生態系では，一般に，1 m×1 m のコドラートを地面に置いて，コドラート内に出現する種，およびその個体数や被度を測定する（図1.2）．個体数は被度よりもデータの精度が高いが，イネ科草本のように叢生する植物やクローナル植物の個体数を数える（あるいは定義する）のはしばしば困難なため，そのような種が群集に多く含まれる場合には被度のほうがデータとして好ましい場合もある．コドラート法では概して，被度を目視によって測定する．目視による計測誤差を小さくするため，被度の測定は可能な限り同一調査者が行う．計測は，各植物個体を地面に垂直投影して測定する場合（aerial cover）と，各植物個体の基部に着目して測

図 1.2 コドラート法による植物群集データの収集
コドラート（写真は 1 m×1 m のもの）内に出現する種およびその被度や個体数などを記録する。

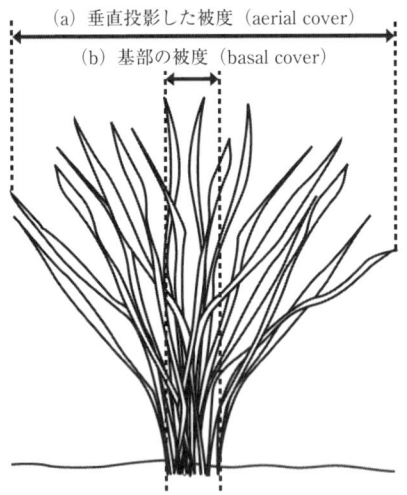

図 1.3 植物個体の被度の測定方法
(a) 植物個体を地面に垂直投影して測定する場合 (aerial cover) と (b) 植物個体の基部に着目して測定する場合 (basal cover) がある。垂直投影した被度の測定には，葉と葉の隙間は含まない。Elzinga *et al.* (1998) を改変。

定する場合（basal cover）の 2 通りがある（図 1.3）。被度の値は，絶対値で記録する場合と，間隔尺度で記録する場合がある。間隔尺度には，1％以下を 1，2〜5％を 2，6〜25％を 3，26〜50％を 4，51〜75％を 5，75〜95％を 6，95％

図1.4 森林生態系における植物群集データの収集
一定面積内に出現するすべての個体の種名およびその胸高直径を記録する（毎木調査）。
http://hmf.williams.edu/researchacademics/ より引用。

以上を7といった被度階級で記録する基準（Daubenmire, 1959）や，個体数や被度を組み合わせた基準（個体数および被度が最も少ない場合をr，続いて，+，1，2，3，4，5の全部で7つの基準；Braun-Blanquet, 1964）などがある。研究の目的によっては，個体数や被度に加え，植物体の自然高やバイオマス等も記録する。木本植物が優占する森林生態系では，コドラートのサイズは大きくなり，20〜50 m程度四方とすることが多い。森林の場合は，被度を測定することが困難なことから，枠の中に出現するすべての個体の種名およびその胸高直径（ヒトの胸の高さ，地上から130 cm程度における木の直径）をあわせて記録することが多く，毎木調査と呼ばれている（図1.4）。また，測棹などを用いて各個体の樹高を記録することもある。森林の場合でも，林床植物を調査する場合は，小さいサイズのコドラートが用いられる。コドラートのサイズや形に明確な決まりはなく，研究目的や調査現場の状況にあわせて柔軟に設定することが可能であるが，比較対象となる局所群集の間ではサイズや形を揃える必要がある（1.4節）。

(2) ライントランセクト法・ベルトトランセクト法

その他の方法としては，ライントランセクト法やベルトトランセクト法などがある。ライントランセクト法は，地面に巻尺等でラインを引き，ライン上に

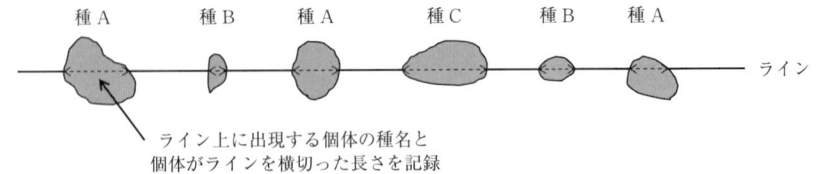

図1.5 ライントランセクト法の例
地面に巻尺等でラインを引き，ライン上にかかるすべての個体の種名とそれらがラインを横切った長さを記録する。

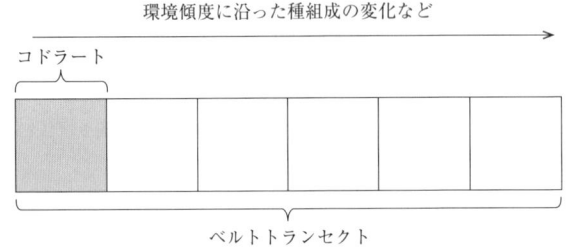

図1.6 ベルトトランセクト法の例
ベルト状にコドラートを連続して配置し，各コドラート内の出現種およびその被度などを記録する。ベルトトランセクトに沿った環境傾度による植物種組成の変化などを調査したい場合に適する。

かかるすべての個体の種名とそれらがラインを横切った長さを記録する（図1.5）。各個体が横切った長さを植物種ごとに合計し，その合計値のライン長に対する割合を各植物種の被度とする。手法の特性上，ライントランセクト法は草本植物を対象とする調査に適している。ベルトトランセクト法は，ライントランセクト法にコドラート法を取り入れた方法で，帯状にコドラートを連続して配置し，各コドラート内の出現種およびその被度などを記録する（図1.6）。ベルトに沿った環境傾度による植物種組成の変化や，帯状に広がる植物群集（たとえば，畦畔の法面など）を調査する場合に適している。

(3) 調査区の設定

調査区は，局所的な群集に対して1カ所あるいは複数カ所（とくに調査区のサイズが小さい場合には複数）配置する。得られるデータの偏り（bias）を最小限にするために，調査区の配置は可能な限り無作為（random）とすることが

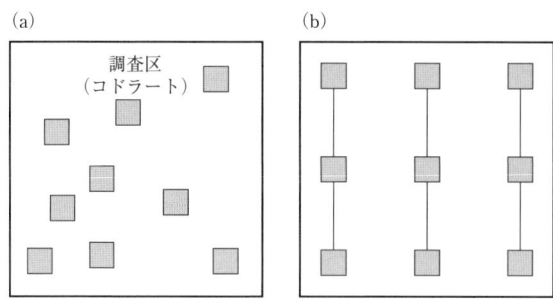

図 1.7　調査区の配置方法
　ここでは，調査区をコドラートとして描画した。(a) 無作為に設置する場合，(b) 系統的に設置する場合。コドラートが等間隔になるように，基準を設けて配置している。

望ましい（図 1.7a）。しかし，実際の調査で完全に無作為に調査区を設定することはしばしば困難で，研究目的や調査現場の状況に応じて，一定の基準を設けて系統的（systematic）に配置することのほうが多い（図 1.7b）。たとえば，湿原などの場合，土壌栄養条件や土壌 pH などによって生育する局所植物群集が異なる。そのため，対象とする湿原を代表するような種組成データを取得したい場合は，系統的に調査区を配置したほうがよい場合もある。また，とくに局所群集の空間的な広がりに対して，労力として調査区を十分配置できない場合は，無作為に配置するよりも系統的に配置したほうが概してデータの偏りが小さくなる（ただし，局所群集に何らかの空間的な規則性がある場合は注意が必要）。また，湿原のような希少な生態系での調査等，調査者による撹乱（踏みつけ等）が生態系に悪影響を与えるような場合には，調査区を無作為にばらつかせて配置するよりも系統的に配置したほうが影響をより小さくすることができる。どちらの配置方法を採用する場合も恣意性を取り除き，方法に再現性をもたせることが重要である。

　以上のような流れで，対象とする局所群集ごとにデータを収集する。環境データ（気候条件，土壌条件，光条件など）は，局所の植物群集データと対応させて収集する。野外で収集する場合は，植物群集の調査区または調査区の周辺で環境データを計測する。既存の地理情報から環境データを抽出する場合（標高や傾斜などのデータ）も，対象となる局所群集と対応するように抽出する。

1.2.2 実験研究におけるデータの収集

　野外実験では複数の実験区画（block）を設け，それぞれの区画内では対象とする要因以外の要因ができるだけ同じになるようにコントロールし，対象とする要因のみを人為的に操作する。操作によって対象とする要因以外が変化してしまう場合は，その影響が分離できるような調査デザインとする。たとえば，植物種の除去によって群集における種数を操作し，除去した種数による生産量への影響を検証する場合，除去されたバイオマスを測定し，それを共変量（対象とする要因の効果を推定する際に必要な背景要因）とすることで，除去操作による生産量への直接的な影響を分離することができる。

　さらに，実験区画内に複数の実験区を設け，それぞれの実験区に対して操作の水準（level）がすべて含まれるように無作為に割り当てる（図1.8）。また，実験操作による植物群集への効果を検証するために，各実験区画内には対照区を設ける必要がある。多くの操作実験はこの方法を基本としており，乱塊法（randomized block design）と呼ばれている。これにより，実験区画の場所の違いによる効果（block効果）と操作による効果（実験効果）を分離することができる。

　一般的には，実験区にはコドラートが採用されることが多い（図1.9；草地で

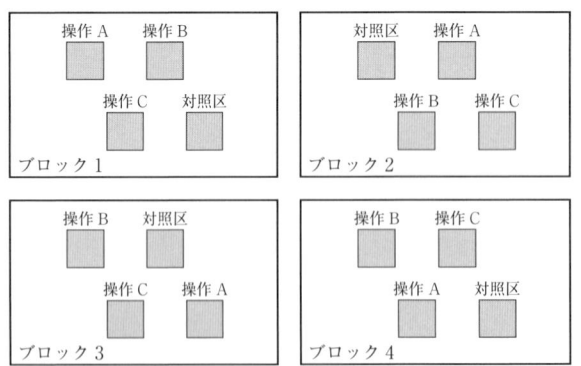

図1.8　**操作実験における基本的な実験デザインとなる乱塊法（randomized block design）**
　　　実験区画内（ブロック）に複数の実験区（この例では4つのコドラート）を設け，それぞれの実験区に対して操作の水準（level）A～Cがすべて含まれるように無作為に割り当てる。各実験区画内に必ず対照区を設置する必要がある。

図1.9 米国ミネソタ州シダークリークの草地における生物多様性操作実験
複数設置された実験区画の中に，系統的に実験区（この実験では，9m四方のコドラート）が配置されている。この実験の結果の一部は，3.2.4項で紹介している。http://www.cedarcreek.umn.edu/ より引用。

の生物多様性操作実験の例）。一定の面積を必要とする操作（たとえば，禁牧や火入れなど）の場合，比較的広い面積の実験区全体に対して操作を行い，実験区内でコドラートやライントランセクトなどを複数配置する。実験区におけるデータ（植物種の被度や個体数など）の収集については，観察研究におけるデータ収集と基本的に同様である。

　前項と本項で，観察研究および実験研究におけるデータ収集方法の基本を解説したが，研究の目的や調査現場の状況にあわせて，柔軟に方法を設定することが肝要である。調査努力量は，調査に費やせる人的資源や時間のほかに，研究資金にも制限されるため，データの量と質はトレードオフの関係にある。与えられた資源の中で，最適なデータ収集方法を決める必要がある。データ収集において最も重要なことは，方法に再現性をもたせること，そして調査努力を最適に配分することでデータの妥当性（データの偏りのなさ）と信頼性（データの精度）を可能な限り高くすることである。

1.3　植物群集データの性質

　さまざまな研究目的に基づいて野外あるいは実験環境下で収集された植物群集データは，どのような性質をもつのだろうか。データは大きく「定性的（質

表1.1 種リストの例
北海道渡島駒ケ岳において火山噴火4年後に記録された種子植物を記録している。露崎ら，2001より改変。

種子植物リスト		
マツ科	ラン科	シラカンバ
カラマツ	エゾチドリ	サワシバ
アカマツ	ネジバナ	ブナ科
キタゴヨウ	ヤナギ科	ミズナラ
イネ科	ドロノキ	タデ科
ミヤマヌカボ	ヤマナラシ	オオイタドリ
エゾヌカボ	バッコヤナギ	ウラジロタデ
ハルガヤ	イヌコリヤナギ	ヒメスイバ
ヤマアワ	ミネヤナギ	ナデシコ科
イワノガリヤス	オノエヤナギ	オオバナノミミナグサ
オオウシノケグサ	カバノキ科	モウセンゴケ科
ススキ	ミヤマハンノキ	モウセンゴケ
カヤツリグサ科	ケヤマハンノキ	ユキノシタ科
ヒメスゲ	ダケカンバ	エゾアジサイ
イグサ科	ウダイカンバ	ノリウツギ
スズメノヤリ		ツルアジサイ
		…

的，qualitative）」データと「定量的（quantitative）」データに分けられる。調査区内（あるいは対象地域）に出現する植物種名を羅列した「出現種リスト（species list）」（表1.1）は，植物群集の構成種を表す基本的な定性データである一方で，群集データを統計解析に用いるために群集構造の情報を定量的データとして表す必要がある。本節では，植物群集データの性質について，種組成データの構成要素，植物群集の解析において基本となるデータ，環境傾度に沿った種の分布の順に概説する。

1.3.1 種組成データの構成要素

　種組成（species/floristic composition）は，群集構造を表す最も基本となる定量的データの形であり，種×地点の表形式（種組成表）で表される（表1.2）。種組成表は，各列に調査区名，各行に出現した全種名をとり，調査地域における各種の分布情報を示したものである。各種の情報は，二値（binary）またはアバンダンス（abundance）により構成される。

表 1.2　植物群集の種組成表の例
各種の量情報を，(a) 在・不在，(b) 被度（%）で表している。

(a)

種名	調査区		
	A	B	C
アキカラマツ	1	1	0
キジムシロ	0	0	1
ススキ	1	1	1
トダシバ	0	0	1
…	…	…	…
総種数	17	25	33

(b)

種名	調査区		
	A	B	C
アキカラマツ	5	12	0
キジムシロ	0	0	3
ススキ	65	54	42
トダシバ	0	0	10
…	…	…	…
総種数	17	25	33

(1) 在・不在データ (presence/absence data)

在・不在データは，各調査区にそれぞれの種が存在するかどうかを在 (1) または不在 (0) により表したものである（表1.2a）。データが0と1のみで構成されるため，二値データ (binary data) と呼ばれる。各種の在・不在情報は，各調査区の種リストを作成することで得られ，これをもとに各調査の出現種の総数である「種数 (species richness あるいは number of species)」を算出することができる。二値データでは，各種がどのくらい生育しているかにかかわらず（つまり，量の情報は反映されない），在であれば同等の1種として扱われる。二値データは，多くの解析において，アバンダンスデータと異なるデータとして扱われる。

(2) 種のアバンダンス

アバンダンスデータは，各種が量的にどのくらい生育しているかを表すものであり（表1.2b），研究目的や対象とする植物群集などに応じてさまざまなメトリクスを用いることができる。以下に，主要なアバンダンスデータを紹介する。

・個体数

個体数データは，調査区内に生育している植物個体数をカウントしたものであり，0以上の離散値 (0, 1, 2, …) で表される。個体数は各種の量を表す最も単純なメトリクスであるが，個体識別が困難な草本植物群集などでは，個体数を測定することは容易でない場合が多い（1.2節）。

・被度 (cover)

　被度は，調査区内に被覆している各種の割合を 0〜100（％）の値として測定したものであり，上限のある連続値で表されるメトリクスである。被度データは，目視で測定されることによるデータの再現性の低さや，割合データであることによる統計解析上の扱いづらさなどの問題点が指摘されている。しかし，種のアバンダンスを非破壊的かつ容易に計量することができるため，とくに草本植物群集においてよく用いられる。

・バイオマス (biomass)

　バイオマス（生物量）は 0 以上の連続値で表されるメトリクスである。主に草本植物群集において，調査区（あるいは調査区内の一定面積）内に生育する植物の地上部（場合によっては地下部も含む）を刈り取り，乾燥重量を測定することで計測される。バイオマスは，植物の成長や生産性を最も直接的に評価できるメトリクスであるが，非破壊的な調査が求められる場合には適用できない。そのような場合には，被度×植物高で表される植生量（vegetation volume）をバイオマスの代わりに用いることもある。

・胸高直径 (DBH)・胸高周囲長 (GBH)・胸高断面積 (BA)

　胸高直径／周囲長／断面積は主に木本種を対象に用いられ，いずれも 0 以上の連続値で表されるメトリクスである。測定方法については，森林立地調査法編集委員会（1999）を参照してほしい。これらは，森林植物群集における優占種の特定やバイオマスの推定，炭素貯蔵量の算出のもとになるデータである。

1.3.2　植物群集の解析に必要な基本データ

　種組成データは，全種数×全調査区数からなる多変量データ（multivariate data）あるいは多次元データととらえることができる。種組成データと対応する環境要因データや種の形質データも多くの場合，多変量データとなる。植物群集の解析では，この多変量データをどのように要約し，生態学的に意味のあるパターンやプロセスを見出すかということを主な目的としている。多変量データである種組成データは情報量が多いため，解析を経ずに群集の構造や多様性を把握することはしばしば困難である。群集全体の構造や多様性を理解しやすい形で表すために，種組成データを基本として，情報を定量的に要約する

種々の方法が存在する（第2, 3, 4章）。以下では，植物群集の解析において用いられるさまざまな多変量データとその組み合わせについて概説する。

・種組成データ

種組成データ（表1.3a）をもとに，各列にあたる調査区ごとの種組成情報を複数調査区間で比較・序列化し，情報を要約して評価（スコア化）することで，各調査区の種組成を1つの量として表す方法がある。このような方法は序列化・分類と呼ばれる（第2章において詳しく解説する）。また，群集全体の情報を簡便に要約する方法として，群集全体の量的情報を種を区別せずに1つの値とする方法もある。たとえば，調査区内の種数や総バイオマス（全種のバイオマスの合計値）は，群集の多様性や生産性を表すデータとしてよく用いられる。

・種組成データと環境要因データ

環境要因データは，種組成データと対応づけて取得することで，種組成と環

表1.3 多次元データの活用
(a) 種×種データ（被度，%），(b) 種×環境要因データ，(c) 種×種の形質データを用いた解析のイメージ

(a)

種名	調査区		
	A	B	C
a	5	20	1
b	22	35	40
…	…	…	…

(b)

種名	調査区		
	A	B	C
a	5	20	1
b	22	35	40
…	…	…	…

×

環境	調査区		
	A	B	C
pH	5.7	5.8	6.1
EC(ds·m^{-1})	112	158	127
…	…	…	…

(c)

種名	調査区		
	A	B	C
a	5	20	1
b	22	35	40
…	…	…	…

×

種名	種の形質	
	生活史	葉の高さ (cm)
a	一年生	15.5
b	多年生	12.5
…	…	…

境要因間の関係性を解析することができる．光強度，土壌の乾湿度，土壌理化学性（pH, EC）などの環境要因を，調査区内の複数地点，あるいは調査区内の環境を代表する1点において測定し，環境要因×地点（調査区）データを得る（表1.3b）．このように，対応づけて得られた種組成―環境要因データは解析の基本となるデータ形式の1つであり，第2章で解説する序列化や分類手法により，群集と環境のデータが直接的・間接的に対応づけられる．また，第3, 4章では，これらのデータを用いて種組成と環境要因間の関係性を解析する手法を解説する．

・種組成データと種の形質データ

種組成データに各種の形質（種がもつ表現型上の特徴または機能的な特徴，あるいはその両方）情報を組み合わせて用いられることもある（表1.3c）．このようなデータは，第2章で解説する種形質に基づく群集の序列化や，第3章で解説する群集の多様性の評価で用いられる．

1.3.3 環境傾度に沿った種の分布

特定の環境傾度（たとえば，標高や降水量）に着目し，傾度に沿った植物群集の変化を調べる方法は「環境傾度分析（environmental gradient analysis）」と呼ばれる（ホイッタカー，1979）．特定の環境傾度に沿って得られた種組成データからは，環境傾度に沿った種のアバンダンス変化（図1.10）を表すことができ，この図から"種の分布"情報を読み取ることができる．たとえば，環境傾度軸上でのある種（種 a, b, c）の分布は，各種の生育に適した環境条件で増加し，不適な環境条件で減少しており，傾度軸上での分布域は各種のニッチ幅を示唆する．また，アバンダンス図の断面は，ある地点における種組成に相当する．たとえば，図1.10における調査区 q_i では，種 a, b の2種が生育しており，種 a が優占していることがわかる．

環境傾度に沿う種の分布は，理論的には一山型で左右対称な正規分布（4.2節参照）で表される（ホイッタカー，1979）．たとえば，特定の環境下において優占するような種（種 b）は，"単峰型"の分布を示す．しかし，野外で観察される多くの種ではこのような正規分布を示すことは少なく，複数の環境要因や生物間相互作用の影響を受けて複雑に変化する．そのため，種組成の境界は不明

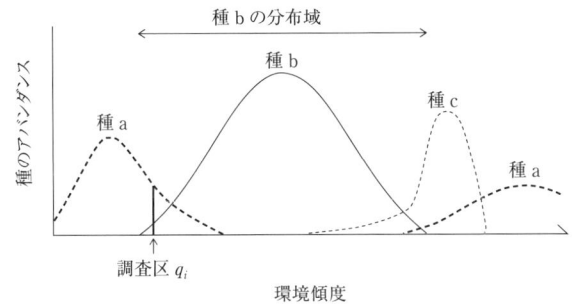

図 1.10 環境傾度に沿った種のアバンダンス変化

瞭になり，双峰型（種 a）や裾の長いロングテール型（種 c）の分布など，左右非対称な分布型を示す場合が多い．

次章以降で詳しく述べるように，データの性質によって適用できる解析手法や，それにより検証できることは異なる．したがって，データ収集を行う前に，本節で概説したデータの性質をよく理解しておくことが重要である．

1.4 植物群集データの空間スケールと時間スケール

植物群集の構造や種組成は，空間的かつ時間的に変化する．植物群集データを取得する上で最適な空間スケールや時間スケールには，1つの明確な正解があるわけではない．研究の対象となる植生（もしくは植物群集）の特徴や，研究の目的によって，最適な空間スケールや時間スケールは異なってくる．ここでは，個々の研究において，植物群集データを取り扱う上で最適な空間スケールと時間スケールを検討するための考え方を紹介したい．

1.4.1 空間スケール

植物群集を評価するための主な空間的なスケールとして，景観（landscape），地形，土地利用などの空間単位が挙げられる．たとえば，微地形の変化にともなう森林の植物種組成の変化に着目した菊池（2001）は，宮城県仙台市に位置する佐保山における微地形と，そこに成立する植生との対応関係を明らかにしている（図 1.11）．この地域の広域スケールでの気候的極相林は，モ

16 第1章 植物群集のデータとその性質

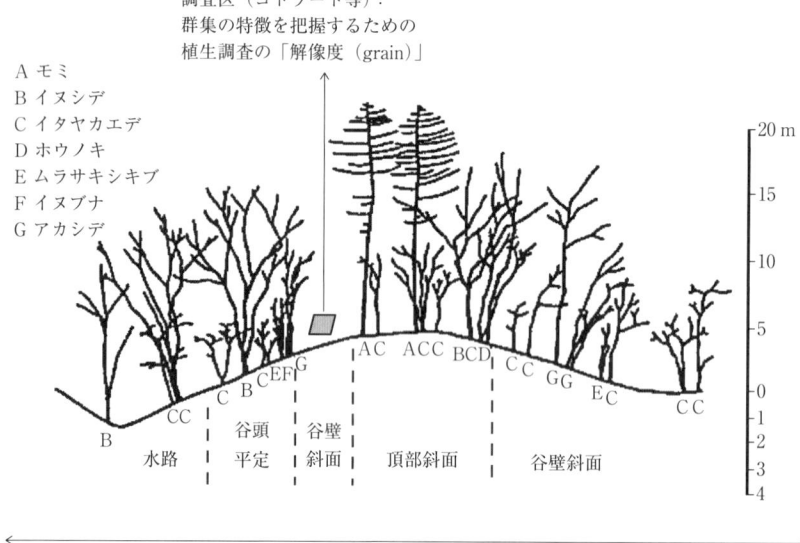

図1.11 微地形と植物群集組成との関係
菊池（2001）より改訂引用。

ミーイヌブナ林に分類されるが，微地形の変化をとらえるより小さな空間スケールで見てみると，頂部斜面の傾斜が緩やかな場所ではイヌブナなどの落葉広葉樹やモミが混在しているのに対して，傾斜が急な部分ではモミが欠けて落葉広葉樹を主体とする群落が成立している（菊池，2001）。このように，地形条件の違いは特定の環境勾配（土壌水分条件の違い等）を生み出し，その傾度に沿って植物群集の組成が変化していく（図1.10）。そのため，対象とする生態系における着目すべき環境傾度の幅および群集組成のバリエーションを把握することで，調査対象とすべき地域や生態系の「広がり（extent）」を特定する必要がある（図1.11）。前述の事例の場合には，微地形の単位によって土壌水分条件などの環境特性が異なっていると考えられるため，すべての微地形単位を含む山地斜面を調査対象とする必要がある。もし，土壌水分条件以外に，斜面方位の違いによる影響（光環境の差異）についても考慮したい場合には，複数の

斜面方位に該当する微地形単位を調査する必要があり，より広い範囲を調査対象として設定することになる。

　空間スケールを考える上でもう1つ重要なのは，群集の特徴を分析し，把握するための植生調査の「解像度（grain）」である（図1.11）。調査地ごとに調査面積が異なっていては，植物群集の種多様性や種組成の定量的な評価を行うことが難しい。植物群集の特徴を，種数や種多様性指数等を用いて定量的に評価するためには，ある一定の広がりをもって成立する植生の群集組成を代表しうる適切な解像度（調査区面積）を設定する必要がある。調査区面積を設定するための1つの方法として，「種数—面積関係（species-area relationship）」の考え方がある（3.5.2項参照）。一般に，調査区面積を大きくすると，その中に出現する植物の種数ははじめ急速に増加するが，次第に種数が飽和し，やがてほとんど増加しなくなる（図1.12）。この関係を表した曲線を「種数—面積曲線（species-area curve）」といい，種数がほぼ飽和する点を最小面積として，適切な調査区面積を定めることができる。ただし，調査のたびに調査区面積を変えながら種数—面積関係を評価して最小面積を求めていては，多大な労力がかかってしまう。そのため，主要な植物群落タイプについては，図1.13に示すように，目安となる調査区面積が提案されている（宮脇，1977）。しかし，これらは

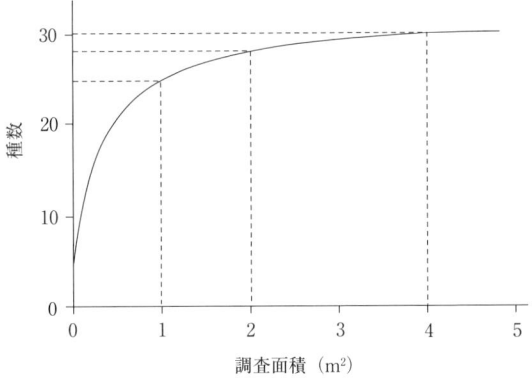

図1.12　種数—面積関係
　　　　調査区面積を大きくすると，その中に出現する植物の種数ははじめ急速に増加するが，次第に種数が飽和し，やがてほとんど増加しなくなる。

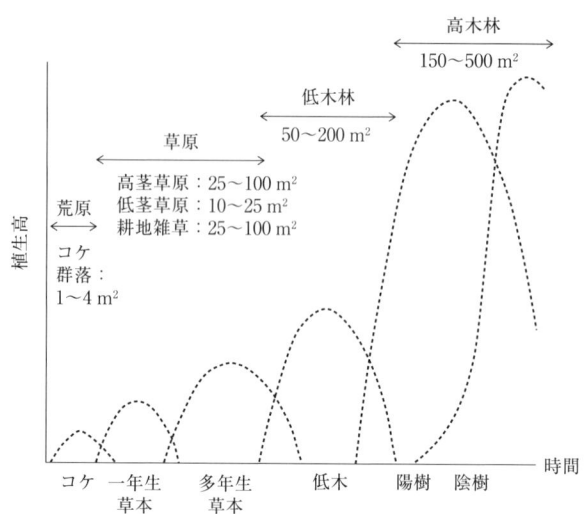

図1.13 植物群集の遷移系列と群集（群落）タイプごとの調査区面積の目安

あくまで目安であり，たとえば高木林において，前述のように微地形の違いによる植物群集組成の変化に着目したい場合などには，より小さな調査区（たとえば10 m×10 m）を設定するなど調査目的に応じた面積を検討する必要がある。

また，植物群集の特徴をとらえる上で注意しなくてはならないのが，群集組成の空間的異質性の問題である。植物群集は，特定の環境傾度に沿って連続的に変化していくと考えられるが，局所的な撹乱などにより空間的に異質な群集が成立する場合がある（たとえば，倒木によってその周辺のみ一時的にギャップが生じている場合等）。空間的異質性は，生物多様性を高める重要な要素として注目されているが（Huston, 1994），環境傾度に対する群集の応答のパターンを明らかにする上では，データに空間的異質性の影響が出ないように考慮する必要がある。空間的異質性の問題は，調査区の配置にも影響し，無作為とするか，一定の基準を設けて系統的に配置するか，研究の目的に応じて適切な方法を選択していく必要がある（1.2節）。

1.4.2 時間スケール

　植物群集の時間的な変化は，環境の時間的変化（たとえば，降水量の年変動等）や，さまざまな自然および人為的な攪乱によって引き起こされている。火山列島である日本では，突然の噴火により大量の火山灰等の火山噴出物が流れ出し，山頂周辺の植生がすべて消失する事例も少なくない。火山の噴火後は，周辺からの種子供給などにより徐々に植生が回復していく。この植生変化は植生遷移としてとらえられ，数十年や数百年といった長期にわたる時間経過の後に，その地域の気候的極相ともいえる植生へと移行していく。このような突発的に生じる自然災害等の攪乱にともなう植物群集の変化を実証するためには，永久調査区を設定し，継続的な追跡調査（モニタリング調査）を実施していく必要がある。一方で，里山の雑木林や半自然草地など，1年もしくは数年周期での定期的な人為的管理によって成立する植生もある。たとえば，半自然草地の場合，春先の野焼きと夏から秋にかけての採草によって，木本種の侵入が抑制され，イネ科の多年生草本を優占種とする高茎の植物群落が成立する。しかし，こうした定期的な管理が放棄されると，徐々に木本種が侵入し，温暖な地域では落葉広葉樹林から常緑樹林へと遷移していくことになる。

　管理放棄などの人為的攪乱形態の変化による植物群集への影響を評価する場合も，永久調査区によるモニタリング調査が有効であろう。しかし，放棄年数が異なる場所を対象とするなど，時間軸上の変化を空間的に切り取って調査することにより，短時間（最短で1回）で効率的に目的を達成することも可能である。このように，同一空間断面で時間軸を切り取って得られる時間系列のことをクロノシーケンス（chronosequence）と呼ぶ。特定の攪乱による植物群集への影響に着目した研究の多くが，クロノシーケンス型の調査方法を用いている（たとえば，Hirst et al., 2005; Kassi and Decocq, 2008）。空間スケールの考え方と同様に，対象とする植物群集の成立要因として，どのような要因に着目し，その影響がどれくらいの時間スケールで生じうるのかを検討した上で，効率的なクロノシーケンス型の調査とその調査期間を設定する必要がある。

　調査期間だけでなく調査時期についても，研究の目的に応じて適切に設定する必要がある。植物には季節性（phenology）が存在する。そのため，春にしか確認できない草本もいれば，木本種など通年で観察が可能な種も存在する。特

図 1.14 春の落葉広葉樹林と林床に生育する草本（スプリングエフェメラル，spring ephemeral）
→口絵 1

に，一・二年生の草本植物を中心とした群落では，春と秋の群集組成が大きく異なる。また，季節によって林床の光条件が大きく異なる落葉広葉樹林では，スプリングエフェメラル（spring ephemeral）と呼ばれる春先にしか確認できない草本植物も生育する（図 1.14，口絵 1）。そのため，ある特定の場所で観察される植物すべてを記録（フロラ調査）しようとする場合や，群集組成の季節的な変化を把握しようとする場合には，季節ごとに年数回の調査を行わなければならない。季節変化の詳細を把握する必要がなければ，1 年を通じて地上のバイオマス量が最大になる夏季 1 回の調査で，対象とする植生における代表的な群集組成を把握できる。たとえば，多年生の草本群落（高茎のススキ草原等）であれば，地上のバイオマス量が最大になる夏季 1 回の調査で，1 年を通じて出現する植物種の約 8 割を記録できることが経験的に知られている（小柳ら，2011 に収録したデータに基づく）。

1.4.3 空間スケールと時間スケールの相互作用

生物現象を解明する上で重要となる空間スケールと時間スケールは，相互に深く関連し合い，発生する空間スケールが大きい現象ほど，その影響は長い時間を通じて作用し続けることになる（図1.15）。たとえば，半自然草地における火入れや採草は，1年〜数年の周期で生じる人為的撹乱であり，その影響は，100 m² 前後の空間スケールでの群落調査で評価可能と考えることができる。一方で，人間活動による影響が生じる時間，および空間スケールはさまざまであり，地球温暖化（気候変動）による影響を把握する上では，数千年〜数万年にわたる時間スケールで，バイオーム（地球上の生物群集の最も大まかな分類単位であり，類似した気候のもとで成立する類似した相観の生物群集のこと）単位での広域的な調査が求められる。近年は，高山帯における温暖化の影響を検証するため，国際的な研究協力関係のもとで，世界各地の高山植生等を対象とし，永久調査区を設置した継続的なモニタリング調査が進められている（Global Observation Research Initiative in Alpine Environments: GLORIA）。このような長期的かつ大規模な環境変動に関する調査研究を長期生態学研究（Long-Term Ecological Research: LTER）といい，国際的なネットワークのもとで推進されている。

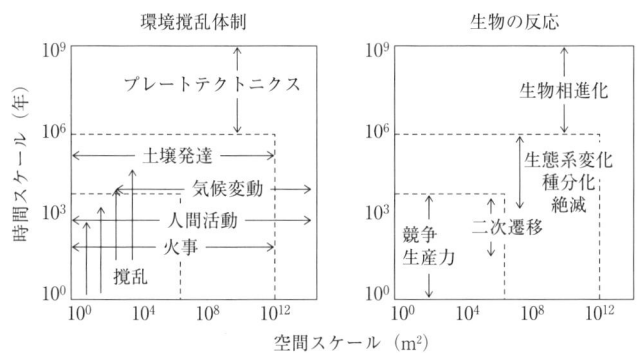

図1.15 さまざまな環境撹乱様式における空間スケールと時間スケールの関係
武内（1991）より改訂引用。

1.5 植物群集データを解析するためのツール

　植物群集データは，統計解析ソフトおよびその関連パッケージを用いて解析することができる。近年，植物生態学の分野においても幅広く使われるようになったのがフリーの統計解析ソフト R[1] である。R では，群集生態学における各種解析を網羅する vegan（Oksanen *et al.*, 2015）や複雑な回帰モデルに対応可能な lme4（Bates *et al.*, 2014），MASS（Venables and Ripley, 2002）などのパッケージが開発されている。また，ベイズ統計専門のフリーソフトである WinBUGS14（Spiegelhalter *et al.*, 2004）と R のパッケージである R2WinBUGS（Sturtz *et al.*, 2005）を連動させることで，ベイズ統計に基づくより高度な解析も実施することができる。植物群集解析に用いられる有料の解析ソフトとしては，CANOCO[2] や PC-ORD[3]，JMP[4]，SAS[5]，IBM SPSS Statistics[6] などがある。とくに，PC-ORD は，群集の多様性解析や序列化，分類の手法等が幅広く網羅されており，また操作も容易であるため，R が広く使われるようになる前は植物群集解析を行う上で最も頻繁に用いられるソフトの1つであった。近年では，有料ソフトでカバーされていた解析手法の大半が，フリーソフト R の各種パッケージを用いて解析可能な状況にあり，学術誌に発表されている研究論文の多くが R を活用している。そのため本書では，各種の植物群集解析を行うことができる代表的な R のパッケージを巻末に付録および付表として紹介した。

引用文献

Bates D, Maechler M, Bolker BM, Walker S (2014) lme4: Linear mixed-effects models using Eigen and S4. http://arxiv.org/abs/1406.5823
Braun-Blanquet J (1964) *Pflansensoziologie. Third edition*. Springer
Daubenmire RF (1959) Canopy coverage method of vegetation analysis. *Northwest Science*, **33**: 43-64
Elzinga CL, Salzer DW, Willoughby JW (1998) Measuring and monitoring plant populations. *USDI*

---

1) ver. 3.1.3, 2014 年 3 月 30 日現在．http://www.R-project.org
2) ver. 5, 2015 年 3 月 30 日現在．http://www.canoco5.com
3) ver. 6, 2015 年 3 月 30 日現在．http://home.centurytel.net/~mjm/pcordwin.htm
4) ver. 12, 2015 年 3 月 30 日現在．http://www.jmp.com/japan
5) ver. 9.4, 2015 年 3 月 30 日現在．http://www.sas.com/ja_jp/software/analytics.html
6) ver. 23, 2015 年 3 月 30 日現在．http://www-01.ibm.com/software/jp/analytics/spss/

Bureau of Land Management Technical Reference, **1730-1**: 492
森林立地調査法編集委員会 編, 有光一登・武田博清・生原喜久雄・谷本丈夫 監修（1999）森林立地調査法：森の環境を測る, 博友社
露崎史朗・長谷昭・新沼寛子・花田安司（2001）北海道渡島駒ヶ岳における 2000 年種子植物リスト, 生物教材, **36**: 1-6
ホイッタカー RH 著, 宝月欣二 訳（1979）生態学概説：生物群集と生態系, 培風館
Hirst RA, Pywell RF, Marrs RH, Putwain PD (2005) The resilience of calcareous and mesotrophic grasslands following disturbance. *Journal of Applied Ecology*, **42**: 498-506
Huston MA (1994) *Biological diversity : the coexistence of species on changing landscapes*. Cambridge University Press
Kassi NJK, Decocq G (2008) Successional patterns of plant species and community diversity in a semi-deciduous tropical forest under shifting cultivation. *Journal of Vegetation Science*, **19**: 809-820
菊池多賀夫（2001）地形植生誌, 東京大学出版会
小柳知代・楠本良延・山本勝利 他（2011）管理放棄後樹林化したススキ型草地における埋土種子による草原生植物の回復可能性, 保全生態学研究, **16**: 85-97
宮脇昭（1977）日本の植生, 学研
Oksanen J, Blanchet FG, Kindt R, *et al.* (2015) vegan: Community ecology package. R package version 2.2-1. http://CRAN.R-project.org/package=vegan
Spiegelhalter D, Thomas A, Best N, Lunn D (2004) WinBUGS version 2.0 users manual. MRC Biostatistics Unit, Cambridge. http://mathstat.helsinki.fi/openbugs/
Sturtz S, Ligges U, Gelman A (2005) R2WinBUGS: A package for running WinBUGS from R. *Journal of Statistical Software*, **12**: 1-16
武内和彦（1991）地域の生態学, 古今書院
Venables WN, Ripley BD (2002) *Modern applied statistics with S. 4th Edition*. Springer

第2章 植物群集の序列化と分類

2.1 はじめに

　植物群集を構成する種は，異なる調査地点においてそれぞれ異なる優占度（被度，個体数，バイオマス等）をもって生育している（表2.1）。植生調査で得られるデータは，出現種数×サンプル地点数からなる多次元空間（多変量データ）である。データの次元数が増えると，それを直観的に理解することが困難になる。よって，群集の特徴を理解するためには，多次元情報を適切に要約し，定量的に比較検討していく方法が必要になる。群集データに限らず，たとえば出現種×種の形質（種がもつ表現型上の特徴または機能的な特徴：3.3節参照）や調査地点×環境要因などといったデータも多変量データであり，目的に応じて情報の要約を行わなければならない。序列化や分類は，こうした多変量データがもつ情報を定量的に要約し，データを解釈しやすくするために開発された探索的な統計手法である。本章では，解析の対象として扱われることが多い種組成データを中心に述べる。

　序列化は，種組成データを数値に要約し，サンプル地点や出現種を数値軸上に並べる（序列化する）ことで，連続値を用いて種組成の変化を可視化するための手法である。さらに，種組成の変化と環境要因（たとえば光や土壌水分条件など）の間に関係性が認められるかどうかを検討することもできる。一方，群集の分類は，序列化と同様に種組成データを数値に要約した上で，似た種組成をもつ群集同士をいくつかのグループにまとめるための手法である。同様に分類の手法を用いて，似た出現パターンをもつ種や，似た形質をもつ種をグループに分けることもできる。序列化と分類は，群集を連続的変化としてとらえるか，個別のタイプとしてとらえるかという点で結果の表現方法が異なるが，排他的な手法ではなく，分類で得られたグループに基づき序列化によって図示

表2.1 ススキ型高茎草地における植物群集の種組成データマトリクスの事例
表中の各植物種に与えられた数字は被度（%），+は被度1%未満を表す．小柳ら（2011）に収録されたデータの一部を抜粋．

Plots	N01	N02	N03	N04	N05	N06	N07	N08	N09
全体被度（%）	90	95	75	65	60	65	65	70	60
植生高（m）	0.25	0.30	0.50	0.40	0.25	0.30	0.25	0.20	0.20
アオツヅラフジ	7	2	5	+					
アキノキリンソウ					1	+	+	2	
アズマネザサ	15	50	7	10	10	40	30	30	35
アマドコロ								+	
エビヅル					2				
ガマズミ	2	1	1						5
キジムシロ					+				
コナラ	1		5					10	
シバスゲ	2	1	1	2	1	1	2	+	+
シラヤマギク	2	1	+	+	10			2	2
ススキ	50	10	50	40	15	7	20	5	1
スズメノヤリ							+		
セイタカアワダチソウ		+		1					
ツリガネニンジン						5		3	7
ツルウメモドキ								+	
テリハノイバラ									2
トダシバ	1	2	1	3	3		3	7	3
ナワシロイチゴ								3	2
ニガナ		+							
ヌカボ					+				
ネコハギ	1	5	5	8	5	1		1	
ヒカゲスゲ							1		+
ヒメジョオン							+		
ヒヨドリバナ			+				2		
フジ				3		2			
ヘクソカズラ		1							
ミツバツチグリ	5	3	3	4	4	4	5	3	1
ヤマノイモ			2	2					+
ワラビ	5	4	1		10	1	2	4	2
ワレモコウ	10	15			1	6			

したり，逆に序列化で用いられる統計手法をもとに分類を行ったりすることもできる．むしろ，これらの多変量解析はデータの解釈を補助する性格が強いため，目的に応じてさまざまな手法を組み合わせることが多い．また，群集データの傾向を把握するために，データ解析の初期段階で探索的に用いることもある．

本章ではまず，植物群集を序列化および分類する際の基本となる考え方とし

て，群集の類似性を評価するための指標について解説する．その上で，序列化と分類のそれぞれについて，植物群集生態学で幅広く用いられている主要な手法を取り上げ，適用事例を交えながら紹介する．

2.2 植物群集の類似性

種組成データを序列化したり分類したりする際の基礎になるのが，群集の類似性を評価する考え方とその指標である．比較したいサンプル間の種組成がどれくらい似ているのか（似ていないのか）を定量的に評価することで，特定の軸上に序列化したり，似た者同士を集めたグループとして分類したりすることが可能になる．

サンプル間の種組成の類似性を評価するための方法として，さまざまな類似度指数（similarity index）もしくは非類似度指数（dissimilarity index）が考案されている．

・在・不在データの場合

種の在・不在（あり・なし）を地点 A と B の 2 カ所で調べたところ，両地点に共通して出現する種とそれぞれのみに出現する種が得られたとしよう．両方に出現した種数が全出現種数に対して占める割合をもとに類似性を評価する指標として，Sørensen の類似度指数と Jaccard の類似度指数がある．両地点に共通して出現する種数を m，地点 A のみに出現する種数を a，地点 B のみに出現する種数を b とすると，以下の式で表される．

$$Sørensen\ coefficient = \frac{2m}{(2m+a+b)} \qquad (2.1)$$

$$Jaccard\ coefficient = \frac{m}{(m+a+b)} \qquad (2.2)$$

どちらも 2 つの地点の構成種が完全に一致するときに 1，地点間に共通する種がいないときに 0 になる（図 2.1）．

・量的データの場合

地点ごとの種のアバンダンス（個体数，被度など）や，出現頻度を記録したデータを得たとする．こうした量的データの調査地点間の距離（非類似度）を

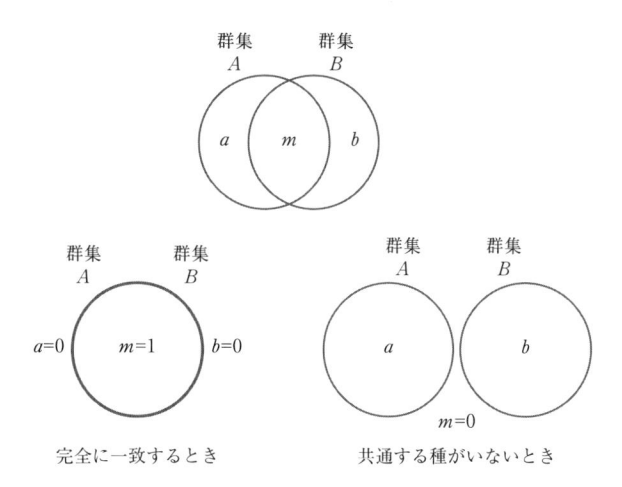

図 2.1 Sørensen および Jaccard の類似度指数における概念図
群集 A のみに出現する種数を a，群集 B のみに出現する種数を b，両方に共通する種数を m とする。

求める最も一般的な指数として，ユークリッド距離（Euclidean distance）がある。地点 A と B で確認された全種数を m とし，地点 A における種 i の値（被度など）を c_{Ai}（地点 B については c_{Bi}）とするとき，地点 A と B の間のユークリッド距離 $ED_{A,B}$ は以下の式で求められる。

$$ED_{A,B} = \sqrt{\sum_{i=1}^{m}(c_{Ai} - c_{Bi})^2} \tag{2.3}$$

式 2.3 からわかるように，ユークリッド距離は m 次元空間にある点 A と B の間の距離として考えることができる。地点間に共通する種が存在しない場合，最も大きな値をとる。ただし，ユークリッド距離の値は，群集の種数や量的変量（被度の大小など）に左右されるため，共通する種が存在しなくても，出現種の量がいずれも小さい場合には，距離は大きくならない。この問題への対処法として，種ごとの量的変量（被度など）を地点ごとに標準化して用いる方法も提案されている。

ユークリッド距離と同様に幅広く利用されている指数として，パーセンテージ類似度（percentage or proportional similarity index）もしくは Bray-Curtis の非類似度指数（Bray-Curtis dissimilarity index）がある。先ほどと同様に c_{Ai},

c_{Bi} を，それぞれ群集 A と B に出現した種 i の量的変量（被度など）とすると，パーセンテージ類似度 $PS_{A,B}$ は以下の式で求められる。

$$PS_{A,B} = \frac{2\sum_{i=1}^{m} min.(c_{Ai}, c_{Bi})}{\sum_{i=1}^{m}(c_{Ai}+c_{Bi})} \tag{2.4}$$

2つの調査地点が共通種をもたないとき $PS=0$ になり，逆に量的変量も含めた種組成が完全に一致するときに $PS=1$（式2.4に100を掛けた場合には100％）になる。式2.1と式2.4を比べるとわかるように，パーセンテージ類似度は，在・不在データに置き換えると Sørensen の類似度指数と等しくなる。パーセンテージ類似度の値を1から引いた値（非類似度）が Bray-Curtis の非類似度指数であり，後述の序列化手法においても比較的よく使われている。その他にも，量的変量を考慮した非類似度として，カイ二乗距離，Gower の非類似度指数（3.3.1項参照），ピアンカの指数，森下の C_λ などがある。

2.3 植物群集の序列化

　序列化は，多変量データを要約（全体を特徴づける傾向を抽出）することで次元数を減らし，解釈しやすくするための探索的な統計手法である。種組成データを2次元もしくは3次元空間上に展開し，その中での種組成変化のパターンと，その変化を引き起こす要因を分析することができる。序列化手法は大きく2つに分けられる。1つは，間接傾度分析（indirect gradient analysis）といわれ，類似度指数などを用いて種組成データそのものを要約し，軸上に展開した上で，軸の値と環境要因の値との関係を相関分析などにより間接的に評価することで群集の種組成の変化を引き起こす要因を推定する方法である。もう1つは，直接傾度分析（direct gradient analysis）といわれ，特定の環境傾度と強い関連性をもった座標軸を求め，その軸の値の変化にともなって，植物群集がどのように変化していくかを明らかにする方法である。直接傾度分析では，数値軸を特定の環境要因に限定して分析を行うため，ほかに予期しない環境要因が存在した場合誤った結果を導く危険性があるが，間接傾度分析は種組成データのみから序列化を行うため，そういった危険はない（山中ら，2005）。種組成の変化を引き起こす要因がある程度明確な場合には，直接傾度分析が適してい

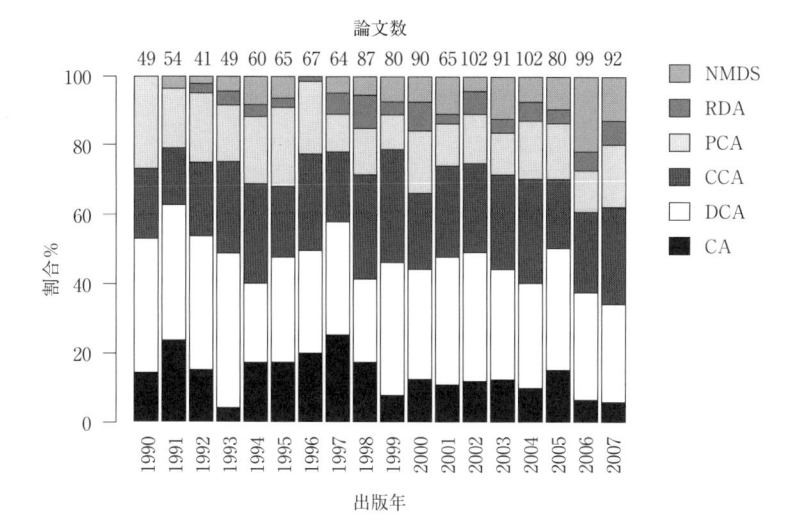

図 2.2 植物生態学分野の主要な学術雑誌（Plant Ecology, Journal of Vegetation Science, Applied Vegetation Science, Folia Geobotanica, Phytocoenologia）に発表された論文で用いられている序列化手法の割合とその変化
von Wehrden et al.（2009）より改訂引用。

るものの，あまり明確でない場合には間接傾度分析を用いて探索的に分析を進めていくほうがよいだろう。植物生態学分野における序列化手法の使用頻度とその変化を見ると（図2.2），植物群集の解析で用いられる手法としては，除歪対応分析（DCA）が最も多く，正準対応分析（CCA）や主成分分析（PCA）が次いで多いことがわかっている（von Wehrden et al., 2009）。また近年では，ノンパラメトリックな序列化手法である非計量多次元尺度法（NMDS）の使用頻度も高まっている。図2.2の中で，正準対応分析（CCA）と冗長分析（RDA）のみが直接傾度分析に相当し，それ以外の手法はすべて間接傾度分析である。

本節では，間接傾度分析と直接傾度分析それぞれについて，植物の群集生態学分野で幅広く用いられている手法を中心に紹介する（表2.2）。

2.3.1 間接傾度分析

(1) 主成分分析 PCA（principal component analysis）

間接傾度分析として，比較的早い時期（1950年代後半〜1960年代）から群集

表2.2 主な序列化手法とその特徴

序列化手法	基本のデータマトリクス	想定される種の分布モデル	適応可能なデータセットの特徴	注意点
間接傾度分析				
PCA	地点×種	線形モデル	想定される環境傾度の幅が短いデータセット	アーチ効果が生じる。第2軸以降の解釈が困難。
CA	地点×種	単峰型モデル	幅広い環境傾度をもつデータセット	アーチ効果が生じる。第2軸以降の解釈が困難。
DCA	地点×種	単峰型モデル	幅広い環境傾度をもつデータセット	アーチ効果を強制的に除くことによる影響が生じる。
PCoA	地点×種	特になし	線形性が担保されていないデータセット。ユークリッド距離以外の類似度指数で比較したい場合。	アーチ効果が生じる。第2軸以降の解釈が困難。
NMDS	地点×種	特になし	線形性が担保されていないデータセット。ユークリッド距離にも適用可能。ユークリッド距離以外のデータにも適用可能。類似度指数で比較したい場合。	順序尺度になるため、絶対的な距離の情報が失われる。
直接傾度分析				
CCA	地点×種 地点×環境要因	単峰型モデル	幅広い環境傾度をもつデータセット	環境要因として分析に組み込む変数の中に、種組成に影響を与えている主要な要因が含まれていない場合、種組成の変化とその変化を引き起こす要因との関係を適切に見出すことができない。
RDA	地点×種 地点×環境要因	線形モデル	想定される環境傾度の幅が短いデータセット	

※ CA, DCA, CCA, TWINSPAN は、すべて加重平均法を起源とする方法であり、CA (correspondence analysis) ファミリーと呼ばれる。

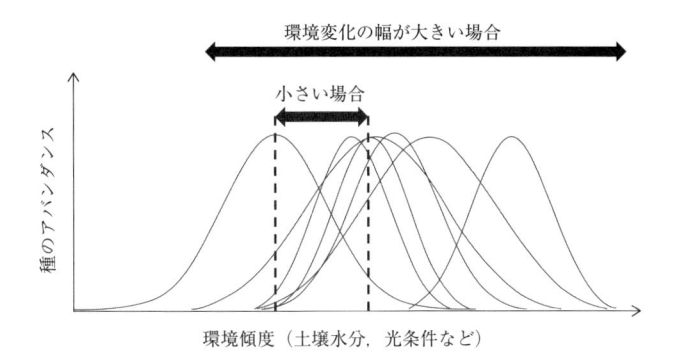

図 2.3 環境傾度に沿った種のアバンダンスの変化の概念図
1つの山が1つの種を表す．

　生態学のみならず幅広い分野で用いられてきたのが主成分分析（PCA）である．分析の基礎となる概念が明快であるものの，変数間の線形性を前提としているため，0値が多く非線形性がともなう植物群集データに対して適用するのは適切でない場合も多い（加藤，1995）．種組成の変化の幅が小さい場合（図2.3）には非線形性の影響も小さくなるため，優れた序列化手法だと考えられている（加藤，1995；長谷川，2006）．

　PCA では，複数の説明変数（種組成データの場合は種ごとの被度や個体数，優占度など）を主成分に要約し，要約された成分を軸とする空間上に，サンプル（地点）を序列化していく．仮に，種1のアバンダンスを第1軸，種2のアバンダンスを第2軸とする空間上において，地点が図2.4a のように一直線上に並んでいたとすれば，これらの地点を1本の線で結ぶ（回帰する）ことで新たな軸（Z_1）に要約することができる．しかし実際には，複数の地点が同一線上に並ぶことはほとんどないため，図2.4b に示すように，抽出される主成分（Z_1）に個々の地点から垂線を下ろし，垂線の長さ z_{2j}（$j=1,2,\cdots L$）の2乗和が最小になるような軸を求めることになる．このとき，情報の損失を最小限に抑えるため，z_{1j} の2乗和は最大になるようにする．ここで，c_{1j} を種1の地点 j における量的変数（被度など）とすると，以下の式が成り立つ．

$$c_{1j}^2 + c_{2j}^2 = z_{1j}^2 + z_{2j}^2 \tag{2.5}$$

(a) 群集が一直線に並んでいる場合

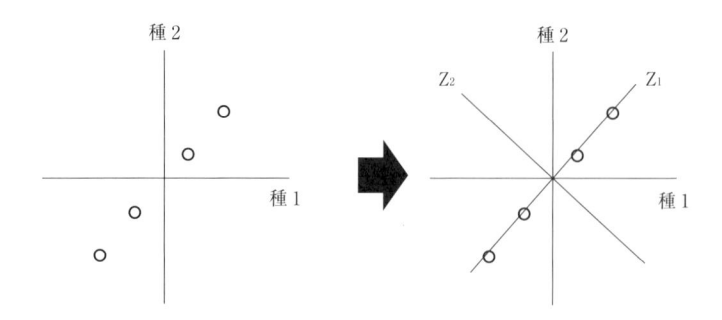

(b) 群集が一直線に並んでいない場合

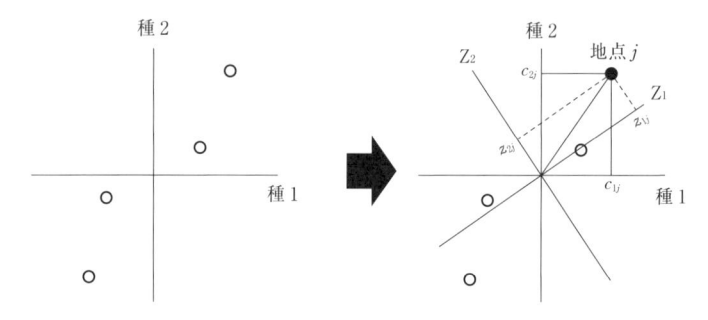

図 2.4 群集（地点）ごとの種 1 および種 2 の出現傾向（たとえば被度）とその要約の方法

主成分得点 z_{kj} は，c_{ij} を係数 l_{ki} $(k=1,2,\cdots P)$ で重みづけた変量として定義することができ，次の式が成り立つ。

$$z_{kj} = \sum_i l_{ki} \times c_{ij} \qquad (2.6)$$

この係数 l_{ki} が以下の式を満たす条件下で，z_{kj} の分散が最大になるように定めた主成分 Z_1 が第 1 主成分ということになる。

$$\sum_i l_{ki}^2 = 1 \qquad (2.7)$$

第 k 主成分は式 2.7 を満たし，かつ他の主成分 $(z_{1j}, z_{2j}, \cdots z_{(k-1)j})$ と無相関になるという条件で z_{kj} の分散が最大になるように定める。

このような条件を満たす主成分は，次の式で定義される固有値問題を解くこ

とで求めることができる。

$$|\mathbf{R}-\lambda\mathbf{I}| = 0 \tag{2.8}$$

$$\mathbf{R}\begin{bmatrix} l_{k1} \\ l_{k2} \\ . \\ l_{kS} \end{bmatrix} = \lambda_k \begin{bmatrix} l_{k1} \\ l_{k2} \\ . \\ l_{kS} \end{bmatrix} \tag{2.9}$$

行列 $\mathbf{R}$ は，変数間の関係性を表す共分散行列もしくは相関行列に相当する。個々の種の優占度の絶対値を結果に反映させたい場合には分散共分散行列，地点間での変動の様子の類似性を見ればよい場合には相関行列を用いることになる。上記の固有値問題を解いて得られた固有ベクトル l_{k_i} が主成分となり，固有値（eigenvalue）$\lambda_{1\sim k}$ が最も大きい固有ベクトルが第 1 主成分になる。主成分得点 z_{kj} と説明変数（序列化対象とする種組成データの場合は種）との相関係数を因子負荷量（factor loading）といい，各主成分に対してそれぞれの変数がどれだけよく反映されているかを知る指標となる。つまり，ある主成分（軸）において因子負荷量が大きい変数ほど，変数の値のばらつきの多くがその主成分によって説明されていることを示している。また，各主成分が種組成のばらつき（分散）の何割を説明できているかを表す値として，寄与率（percentage of variance）が求められる。寄与率が大きいほど，その主成分の重要性が高いと判断できる。第 1 主成分（第 1 軸）から順に各主成分の寄与率を合計していったものが累積寄与率であり，寄与率と累積寄与率とをあわせて考慮することで，重要な意味をもつ成分として第何軸の主成分までを取り扱う必要があるのかを検討することになる。その際，明確な基準が提案されているわけではないが，分析結果として採用した主成分の寄与率，および累積寄与率の値を結果として報告する必要がある。その後，重要な意味をもつと判断された主成分について，PCA によって得られた各群集のスコア（地点スコア）と，地点の環境要因（たとえば土壌水分等）との相関関係を分析することで，群集の種組成の変化を引き起こす要因を検討することができる。

　PCA による序列化の結果には，アーチ効果（arch effect）もしくは蹄鉄効果（horseshoe effect）などと呼ばれる複雑な歪みが生じる場合がある（図 2.5）。実際の群集データでは，これほどきれいな形のアーチ効果が表れることは少な

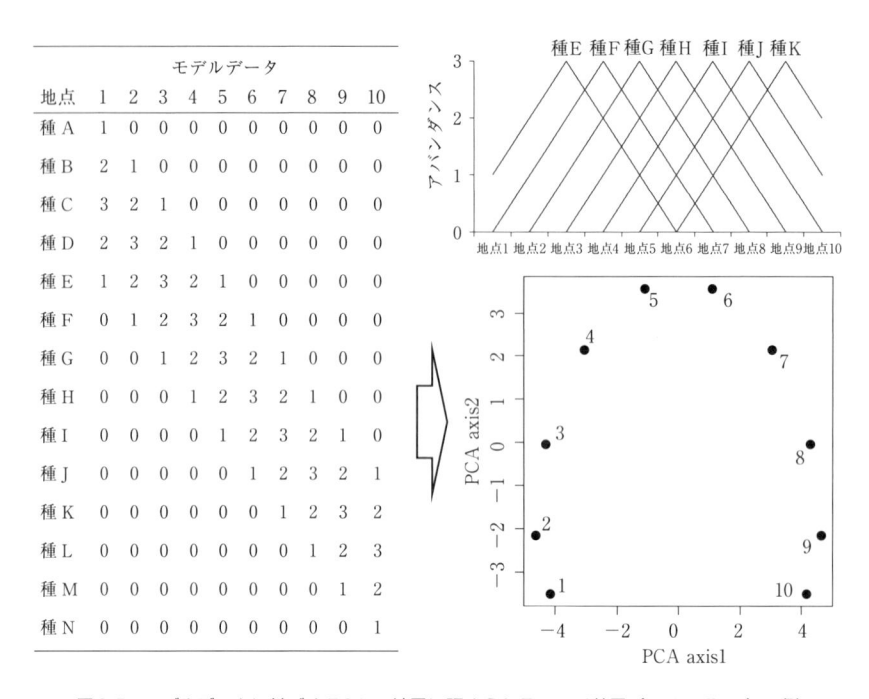

モデルデータ
地点	1	2	3	4	5	6	7	8	9	10
種A	1	0	0	0	0	0	0	0	0	0
種B	2	1	0	0	0	0	0	0	0	0
種C	3	2	1	0	0	0	0	0	0	0
種D	2	3	2	1	0	0	0	0	0	0
種E	1	2	3	2	1	0	0	0	0	0
種F	0	1	2	3	2	1	0	0	0	0
種G	0	0	1	2	3	2	1	0	0	0
種H	0	0	0	1	2	3	2	1	0	0
種I	0	0	0	0	1	2	3	2	1	0
種J	0	0	0	0	0	1	2	3	2	1
種K	0	0	0	0	0	0	1	2	3	2
種L	0	0	0	0	0	0	0	1	2	3
種M	0	0	0	0	0	0	0	0	1	2
種N	0	0	0	0	0	0	0	0	0	1

図2.5 モデルデータに基づく PCA の結果に認められるアーチ効果 (arch effect) の例

いが，ほとんどの場合，得られた結果にこうした歪みが生じる。これは，群集データに非線形性がともなう（図2.3）ためであり，線形性を前提としたPCAの手法としての限界だといえる。また，植物群集データには多くの0値が含まれるため，PCAを用いた序列化が不適当であることもすでに広く認識されている。

PCA の手法上の問題点をふまえた上で，その結果を適切に解釈し，都市域に分布する孤立林の偏向遷移（通常の植生遷移とは異なる経過を辿る遷移のこと）のパターンを示した研究事例を紹介する。戸島ら（2004）は，神奈川県鎌倉市に残存する孤立林を対象として1998年に植生調査を行い，同じ地点で1988年に実施された植生調査データと比較した。2時期の全調査地点のデータを用いて PCA を行った結果，草本群落→落葉広葉樹林→常緑広葉樹林という遷移系列に従って，地点がアーチ状に分布することがわかった（図2.6）。もし通常の植生遷移が進行しているのであれば，地点ごとにこのアーチの形状に沿

2.3 植物群集の序列化

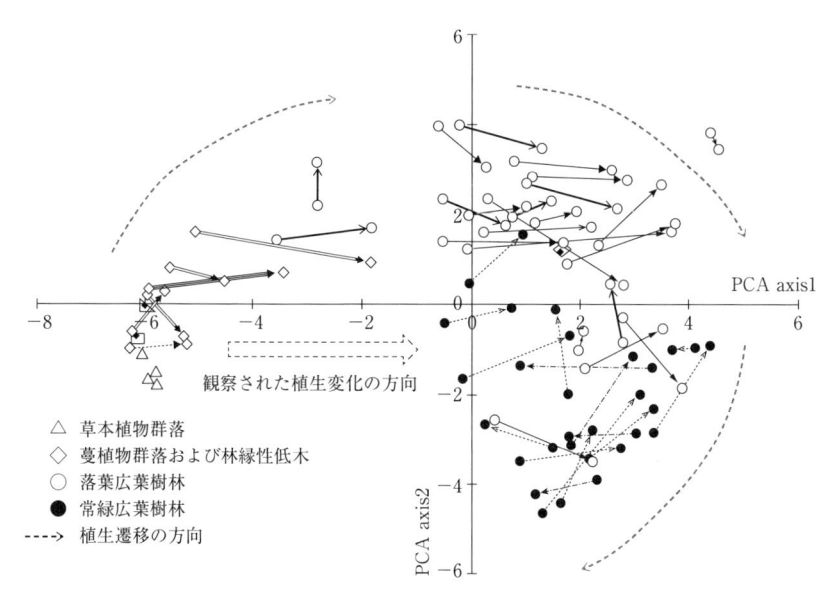

[図: PCA axis1 / PCA axis2 の散布図。凡例: △ 草本植物群落, ◇ 蔓植物群落および林縁性低木, ○ 落葉広葉樹林, ● 常緑広葉樹林, ---> 植生遷移の方向]

※小さい矢印は，同じ地点での1988～1998年にかけての群集種組成の変化を表す。

図2.6　PCAを用いた研究事例
　PCAの結果，アーチ効果が生じており，草本群落→落葉広葉樹林→常緑広葉樹林という遷移系列に従って，地点がアーチ状に分布している。しかし，地点ごとの種組成は，1988～1998年にかけて第1軸に沿ってほぼ平行に移動しており，通常の遷移系列とは異なる変化が生じていることがわかる。戸島ら（2004）より改訂引用。

った変化が起こると考えられる。しかし実際には，多くの地点が第1軸に沿ってほぼ平行に移動していることがわかり（図2.6），通常の植生遷移ではなく偏向遷移が生じていると考えられた。その後，群落タイプごとの詳細な分析結果から，とくに森林群集において過去10年間で通常の遷移では説明できない変化が生じており，森林の孤立分断化にともなう鳥被食散布植物の増加によって説明できることが示された。

(2) 対応分析 CA（correspondence analysis，または，reciprocal averaging: RA）

　対応分析（CA）は，加重平均に基づく計算を，地点の値と種の値が収束するまで繰り返す手法（Hill, 1973）であり，PCAのような大幅な歪み（アーチ効果）

が生じることはないが，ある程度の歪みは残されている。反復平均法もしくは交互平均法（英語ではともに reciprocal averaging）とも呼ばれ，以下の手順により，地点と種の値が同時に得られる序列化手法である。

まず，種ごとに任意の値 X_j を設定し，被度や個体数などの量的変量で重みづけされた各地点の値 Y_i を求める（式2.10）。$c_{i,j}$ は調査地点 j における種 i のアバンダンス（被度や個体数等）を示す。

$$Y_i = \frac{\sum_j c_{i,j} \times X_j}{\sum_j c_{i,j}} \quad (2.10)$$

その後，式2.10で計算された地点の値 Y_i を使って，被度や個体数で重みづけした種ごとの値 X_j を求める（式2.11）。

$$X_j = \frac{\sum_j c_{i,j} \times Y_i}{\sum_j c_{i,j}} \quad (2.11)$$

得られた X_j と Y_i を標準化して得られた値が，最初に設定された X_j と Y_i と異なっていれば，新しく得られた値をもとに，同じ計算を繰り返す（図2.7）。最終的に，X_j と Y_i がそれぞれ収束するまで計算を繰り返し，得られた値が第1軸の地点および種の座標値となる。第2軸についても，同じ反復計算をもとに算出されるが，第1軸に直交するような操作が加えられている。種に重みづけを行うことで，PCAで生じるアーチ効果の端と端に位置する地点を引き延ばして序列化でき，アーチ効果を緩和できる（山中ら，2005）。しかし，歪みが完

	地点1	地点2	地点3	地点4	合計	初期種得点	CAによる得点
種A	0	0	1	10	11	3	1.972
種B	0	0	0	10	10	3	2.004
種C	0	3	40	10	53	2	1.481
種D	50	25	0	0	75	1	−2.810
種E	5	25	0	0	75	1	−2.647
合計	55	53	41	30			
加重平均	1.000	1.057	2.024	2.667			
CAによる得点	−2.136	−1.853	1.843	2.146			

この値をもとに計算を繰り返す

図2.7 対応分析（CA）による計算過程
露崎（2004）より改訂引用。

全に取り除かれる訳ではなく，標準化という操作が加えられることで軸の両端に近いほど地点間の距離が短くなってしまい，依然としてアーチ状の歪みが残される（山中ら，2005）。そのため，第2軸の解釈はほぼ不可能だといわれている（加藤，1995）。CAは，種の分布が単峰型であることを前提としているためPCAと異なり，環境傾度の幅が広く，種の潜在的な分布域のすべてをカバーしているような群集データの分析に適しているといえる。一方で，種の潜在的な分布域の一部しかデータをカバーできていない場合，値の推定にバイアスが生じるという欠点がある。

近年，植物群集の解析においてCAが利用されることは少なくなってきたものの，1990年代後半にはCAを用いた研究が比較的多く発表されている（図2.2）。CAでは第2軸以下の解釈が難しいため，複数の環境傾度が生物群集にはたらきかけていて，2つ以上の群集傾度が存在しているような場合には分析手法として向いていない。ただし，PCAの事例のようにアーチ効果の存在を前提に，結果を解釈していくこともできる（たとえば，Beever et al., 2003）。

(3) 除歪対応分析 DCA (detrended correspondence analysis)

除歪対応分析（DCA）は，群集解析手法として最も広く利用されている序列化手法の1つであり，CAによるアーチ効果を低減するために，Hill (1979a)によって開発された手法である（Hill and Gauch, 1980）。基本的な方法は，CAと同じであり，加重平均に基づく計算を繰り返していくことで，地点と種の値を同時に得ていく。その後，アーチ効果が存在することを前提として，それを強制的に取り除く操作が加えられる。具体的には，第2軸にアーチ効果の影響が反映されていることを前提とし（この並び方は意味のある環境変化を表していないと仮定して），第1軸をいくつかの節（segment）に分割し，節ごとに第2軸の値の平均値を求める。節内に含まれる地点の第2軸の値から，この平均値を差し引くことで，アーチ効果を取り除く（図2.8）。こうすると，第1軸だけでなく第2軸にもある程度意味のある傾向を見出すことができるようになる。しかし，このような強制的なアーチ効果の除き方について，加藤（1995）はいくつかの問題点を指摘している。まず，アーチ効果の中に何らかの環境要因に対する変化が隠されていた場合，こうした情報が失われてしまう可能性があ

図2.8 除歪対応分析（DCA）においてアーチ効果を取り除く方法
小林（1995）より改訂引用。

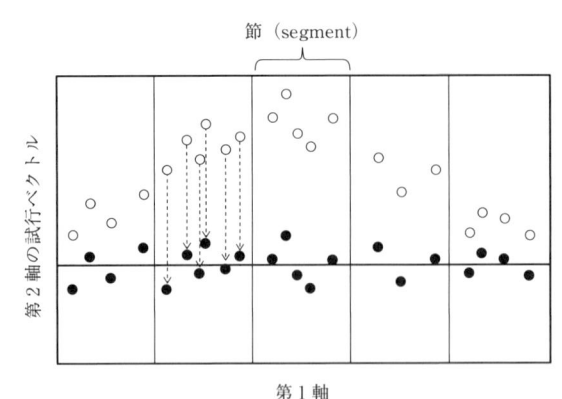

○ CA の結果　● 節内の第2軸に対する固有ベクトルの平均値がゼロになるよう補正した結果

　る。さらに上位の軸（たとえば，第1軸）を基準にして歪みの除去を行うため，複数の独立した環境要因が同程度の影響力をもつ場合に，結果が不自然になる可能性もある。また，アーチ効果を取り除く際にいくつの節に分けるかによって，結果が大きく変化することも指摘している（Jackson and Somers, 1991）。このように，強制的な歪みの除去にともなうさまざまな問題点が指摘されているものの，DCA は開発されて以来，植物群集の解析において幅広く利用され続けている（図2.2；von Wehrden et al., 2009）。
　DCAを用いる際のその他の注意点として，小林（1995）は以下を挙げている。まず，DCA も CA 同様に，幅広い環境傾度をもったデータに適用可能だと考えられるが，調査区間の差が大きすぎる場合（とくに他の調査地点との類似度がゼロまたはそれに近い場合）には，序列化の結果が信頼できなくなる。そのため，共通性が非常に乏しい地点については，事前に外れ値として分析から除外したほうがよい。またDCAでは，地点のスコアと種のスコアが同時に求められるが，調査した環境傾度の範囲の外に分布のピークが存在するような種のスコアについては，結果が信頼できないことが指摘されている。では分析対象となる群集データについて，想定される環境傾度が十分長いかどうかをどのようにして見分ければよいのだろうか？　長谷川（2006）によれば，まず

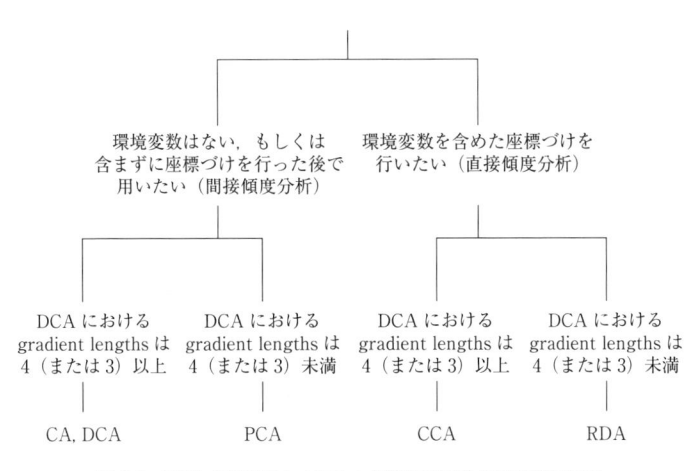

```
                           |
         ┌─────────────────┴─────────────────┐
   環境変数はない，もしくは              環境変数を含めた座標づけを
   含まずに座標づけを行った後で            行いたい（直接傾度分析）
   用いたい（間接傾度分析）
         │                                   │
   ┌─────┴─────┐                       ┌─────┴─────┐
DCA における  DCA における          DCA における  DCA における
gradient lengths は gradient lengths は  gradient lengths は gradient lengths は
4（または3）以上 4（または3）未満      4（または3）以上 4（または3）未満
    │              │                     │              │
  CA, DCA         PCA                   CCA            RDA
```

図 2.9　DCA の結果をもとにした適切な序列化手法の選択方法
長谷川（2006）より改訂引用。

DCA で序列化を行い，結果として得られる gradient lengths（傾度の長さ）が4（または3）よりも長ければそのまま DCA（もしくは CA）を用い，短い場合には，想定される環境傾度の幅が短いと考えられるため PCA を用いたほうがよいと提案している（図 2.9）。これは，後述の直接傾度分析 CCA と RDA についても当てはめて考えることができ，最適な序列化手法を選ぶ上での指標になると考えられる。

DCA を用いた研究事例として，Kitazawa and Ohsawa（2002）は，農耕地周辺に成立した草本植物群落を対象に，種組成と管理（撹乱）タイプとの関係を明らかにしている（図 2.10）。地点（ライントランセクト）×種（相対優占度）のデータマトリクスを用いて DCA を行った結果，第 1 軸として管理（撹乱）強度の違いを代表する軸が抽出された。第 1 軸に沿って，撹乱強度が高く，一年生草本植物に特徴づけられる群落（群落タイプ：1, 2）ほど左側に，撹乱強度が低く，多年生草本や木本に特徴づけられる群落（群落タイプ：6, 7）ほど右側に位置づけられた。種多様性は，第 1 軸の中央部に位置づけられた草刈り地で最も高く，農耕地周辺の二次草地における植物種の多様性を維持していくためには，草刈りなどの定期的な撹乱が必要不可欠であることが示された（Kitazawa and Ohsawa, 2002）。このように，DCA を用いた研究事例として

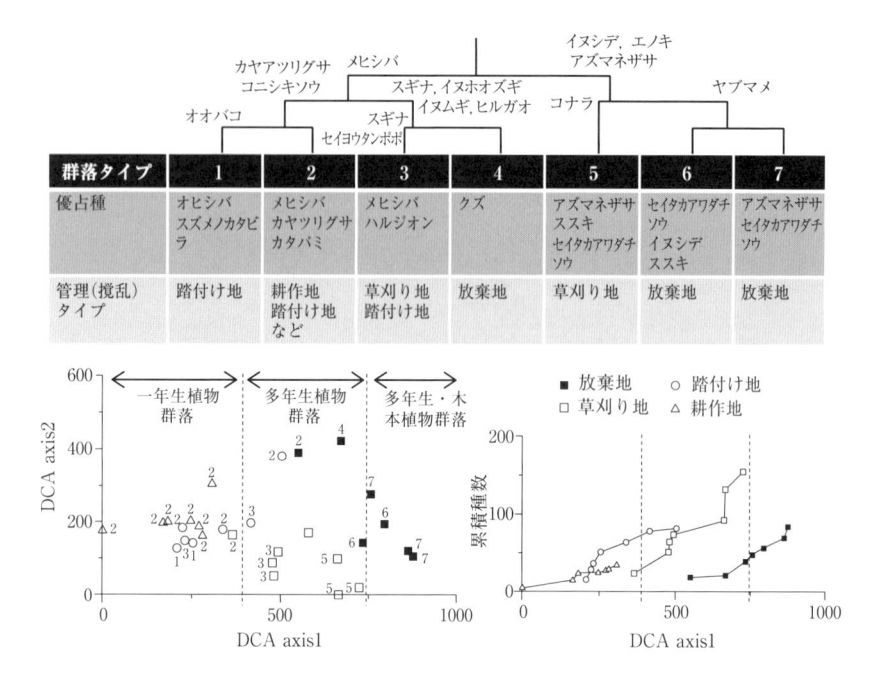

図 2.10　DCA を用いて植物群集の序列化を行った研究事例
まず植物群集を TWINSPAN（2.4 節）を用いて地点を分類し，管理形態との対応関係や指標種を明確にした上で，群集タイプごとの遷移段階の違いを序列化によって明らかにした。Kitazawa and Osawa（2002）より改訂引用。

は，種組成の変化を軸の値に要約することで，撹乱強度の差異などさまざまな環境条件との関係を分析する事例が数多く行われている。

(4) 主座標分析 PCoA（principal coordinate analysis）

主座標分析（PCoA）は，計量多次元尺度法（multidimensional scaling: MDS）と呼ばれる手法に分類され，PCA の欠点をふまえ，それを改良するために Gower（1966）によって開発された。PCA と異なり，調査区間の類似性を評価する際に，ユークリッド距離以外の（非）類似度指数を用いて分析することができる。ユークリッド距離を用いた場合には，相関行列を用いた PCA と同じということになる（小林，1995）。

PCoA では，調査区間の差異を何らかの（非）類似度指標を用いて測り，その

差異にできるだけ等しくなるよう，新しい座標軸に序列化していく．地点の数を L とし，2つの調査区 j と k 間の類似性距離を δ_{jk} とすると，新しい座標軸上での距離は，以下の式で求められる．

$$a_{kj} = \frac{1}{2}\left(-\delta_{jk}^2 + \frac{1}{L}\sum_k \delta_{jk}^2 + \frac{1}{L}\sum_k \delta_{jk}^2 - \frac{1}{L^2}\sum_j\sum_k \delta_{jk}^2\right) \quad (2.12)$$

こうして求められた a_{kj} からなる行列 $\mathbf{A}$ を用いて，固有値 λ_m と固有ベクトル $(u_{m1}, u_{m2}, u_{m3}, \cdots u_{mL})$ を求め，最も大きな固有値をもつ固有ベクトルを第1軸とする．m 番目の座標軸の地点（群集）スコア $(z_{m1}, z_{m2}, z_{m3}, \cdots z_{mL})$ は，次の式から求められる．

$$(z_{m1}, z_{m2}, z_{m3}, \cdots z_{mL}) = \sqrt{\lambda_m}(u_{m1}, u_{m2}, u_{m3}, \cdots u_{mL}) \quad (2.13)$$

このように，PCoA では，調査区間の類似性距離をもとに新たな空間軸を見出し，群集を序列化していくため，データの線形性が担保されていなくても使用することができる．ただし PCA と同様に，アーチ効果が生じるという問題は依然として残されているため，第2軸以降の解釈には注意が必要である（小林，1995）．各座標軸の寄与率や累積寄与率についても PCA と同様に求められるが，PCoA の場合は固有値が負の値を示す場合があるため，その場合には絶対値を用いた補正式が適用される．

　植物種組成データ（種×地点のマトリクス）の解析において PCoA を用いる事例はあまり多くないものの，種×種形質のマトリクスを用いて植物種を種形質の違いから序列化するなど，さまざまな目的で活用されている．たとえば Bagella et al.（2013）は，地中海地方の放牧地が広がる農村景観を対象として，ミツバチの蜜生産に利用される植物の特徴を PCoA を用いて明らかにしている．ミツバチの巣の周辺 1.5 km 圏内で確認される植物種のフェノロジー（花暦）を調査し，PCoA を用いて種の序列化を行ったところ，開花の時期と期間という2つの形質と関連の深い2軸が抽出された（図 2.11）．この結果をふまえて，季節による花の種構成の違いがミツバチによる蜜生産に影響を与えていることを示し，自然植生だけでなく放牧地植生が蜜生産にとって重要な役割を担っていることを明らかにしている（Bagella et al., 2013）．図 2.11 に示したとおり，PCoA の結果においても PCA の結果同様に，アーチ状の歪みが生じていることがわかるだろう．第2軸の解釈については，このような歪みが生じて

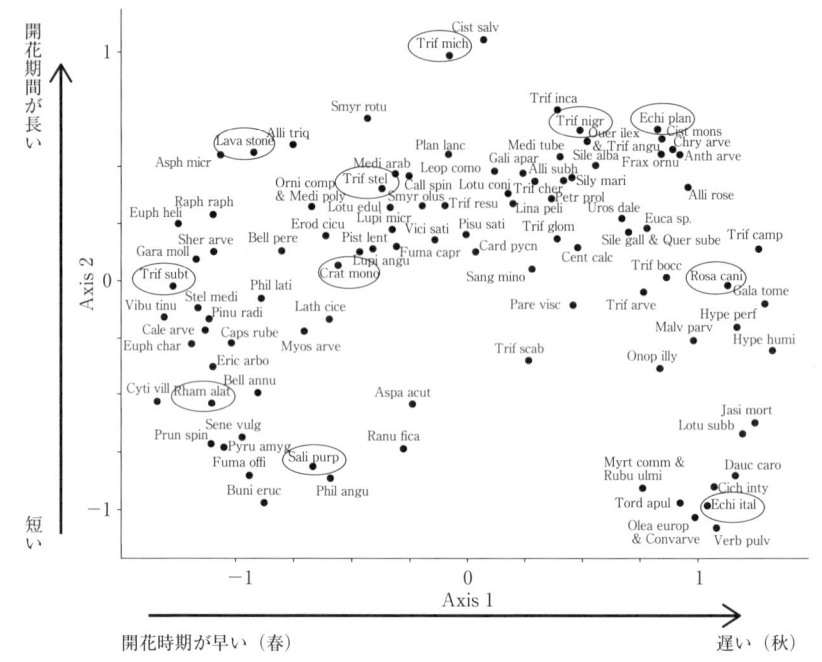

42　第2章　植物群集の序列化と分類

(a) PCoA による序列化の結果

(b) 代表種の開花度合（flowering intensity）

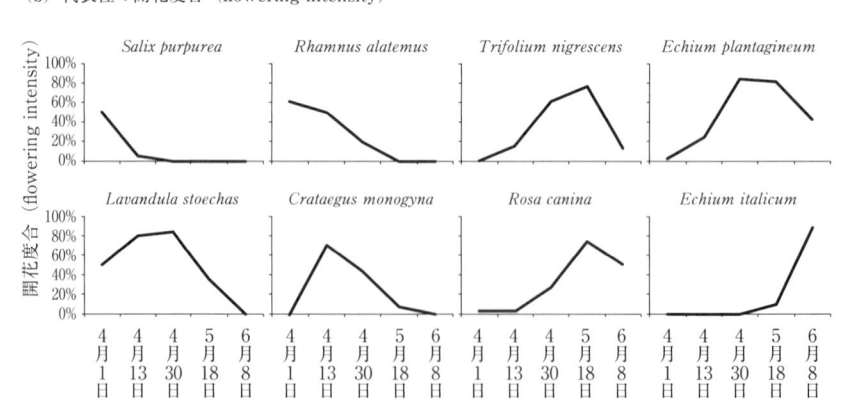

図2.11　PCoA を用いて植物種を開花特性に応じて序列化した事例
Bagella *et al.* (2013) より改訂引用。

いることを理解した上で結果を解釈する必要がある。

(5) 非計量多次元尺度法 NMDS (nonmetric multidimensional scaling)

非計量多次元尺度法 (NMDS) とは，PCoAと同様に，調査地点間の類似度行列を用いて，類似度の高い地点は近くに，低い地点は遠くに位置づくよう，n次元空間に序列化するための方法である。PCoAが量的変数である各種の類似度指数を用いているのに対して，NMDSはその名のとおり，質的データ等，非計量データにも対応できるように改良された手法である (Clarke, 1993)。具体的には，(非) 類似度指数からなるマトリクス (δ_{ij}) に基づき，各調査区のペアの順序尺度 (他のペアと比べて相対的に近いか遠いか) を用いて距離を定義した空間を定める。類似性距離 δ_{ij} と，新しく得られる座標空間における距離 d_{ij} との差の2乗和が最小になるような座標軸が求められる。最終的に得られた結果については，以下に示す STRESS と呼ばれる統計量を求めることで結果の良し悪しを判断することができる (表2.3)。すなわち，STRESS値が小さいほど，類似性距離 δ_{ij} と座標空間上の距離 d_{ij} との差が小さいことになり，結果の当てはまりがよいと判断できる。

$$STRESS = \sqrt{\frac{\sum\sum(\delta_{ij}-d_{ij})^2}{\sum\sum\delta_{ij}^2}} \qquad (2.14)$$

類似性距離 δ_{ij} から新たな座標空間における距離 d_{ij} を求めるための方法として，Kruskalの方法，Shepardの方法，McGeeの方法，Young and Torgersonの方法など，さまざまな方法が提案されているが，最も用いられているのが Kruskalの方法 (Kruskal, 1964) であり MDSCAL と呼ばれている (McCune and Grace, 2002)。STRESS値は 0～1 の値をとり，パーセンテージ

表2.3 NMDSで得られた結果のSTRESS値による評価
McCune and Grace (2002) より。

STRESSの値	評価
0.000	Perfect
0.025	Excellent
0.050	Good
0.100	Fair
0.200	Poor

（0〜100％）で出力されることもある．また，NMDS の当てはまりのよさ（R^2）は 1 から STRESS 値を引くことで求めることができる．

　NMDS の結果得られた STRESS 値の統計的有意性については，モンテカルロ法により判断することができる．地点ごとに種組成をランダムに入れ替える操作を複数回行い，その都度，STRESS 値を算出する．繰り返しの回数は最低 20 回以上とされるが，近年では数百回行っている事例が多い．ここで得られた STRESS 値と実際の群集データから算出された STRESS 値とを比較して，後者の値が 5% 水準で有意に小さければ，統計的にも有意な結果だと判断することができる．また，表 2.3 に示したとおり，STRESS の値が 0.2 以下でない場合は，うまく多変量データが要約されたとは言いがたい．しかし，植物群集の種組成データを用いた解析結果では，0.2 を超える値であっても統計的に有意であれば，妥当な結果として考察の対象となる場合もある（たとえば，Pajunen et al., 2010; Koyanagi et al., 2013）．

　NMDS は，その他の序列化手法とほぼ同様の目的で使用することができ，特に 2000 年代以降は，DCA の代替手法として注目されている（von Wehrden et al., 2009）．草地の管理形態と植物群集の種組成との関係を調べた事例では，［放棄地］→［野焼きのみ］→［野焼き＋採草］→［野焼き＋放牧］という撹乱の強度や頻度の違いに応じて，植生が連続的に変化していく様子がとらえられている（Koyanagi et al., 2013；図 2.12）．また，Furukawa et al. (2011) では，ケニアの孤立林を対象として，違法伐採による林床植生の変化を DCA を用いて評価しているが，未収録の事前評価として，NMDS と DCA の両方を用いて結果の違いを比較している．たとえば，DCA と NMDS の第 1 軸は，ともにデータ（種組成）のばらつきの 6 割以上を説明しており，どちらも同じ環境傾度（居住地からの距離や林冠開放度）と有意な関係性を示す等，ほぼ同じ結果が得られている（表 2.4）．これらの研究事例では，NMDS で新たに得られる座標空間として，第 2 次元までの座標空間が選択されているが，この座標空間の最適な次元数はどのようにして決められるのだろうか．Kruskal and Wish（1978）は，最適な次元数を決めるにあたって，明確な統計的基準は存在しないことを指摘している．実際の研究事例では，次元数を増やしていく過程において，STRESS 値の減少幅が最も大きかった軸の数を最適な次元数として選択する

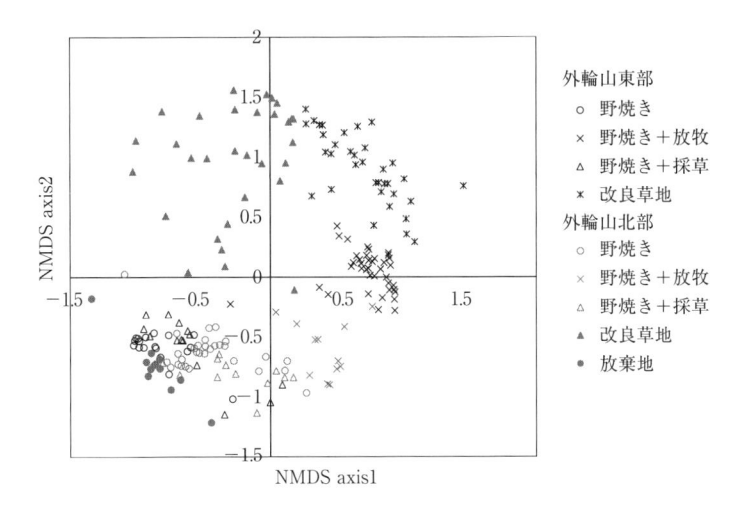

図 2.12 NMDS を用いて,草地の管理形態と植物種組成との関係を調べた事例
地点×種(被度データ)を用いて,Bray-Curtis の非類似度指数に基づく距離行列を用いて解析(STRESS 値は 18.33%)。Koyanagi et al. (2013) より改訂引用。

表 2.4 NMDS と DCA の結果の比較(Furukawa et al., 2011 のデータに基づく未発表結果)

| | 説明された分散の比率 (R^2) || 撹乱傾度との相関係数 (r) ||
	個別	累積	居住区からの距離	林冠開放度
DCA				
第 1 軸	0.611	0.611	−0.664 ***	0.868 ***
第 2 軸	0.059	0.670	0.149 n.s.	0.042 n.s.
第 3 軸	0.031	0.701	0.233 *	−0.269 **
NMDS				
第 1 軸	0.692	0.692	0.704 ***	−0.868 ***
第 2 軸	0.106	0.797	−0.124 n.s.	0.334 ***

***, $P < 0.001$; **, $P < 0.01$; *, $P < 0.05$; n.s., non-significant

方法(図 2.13)や,STRESS 値が最も小さくなる軸の数を次元数とする方法等が採用されている(McCune and Grace, 2002)。関心のある次元数を最初から 1 次元もしくは 2 次元と定めた上で,STRESS 値の統計的有意性に基づいて軸の重要性を評価することもできる。

NMDS は群集間の距離を順序尺度に変換し,n 次元空間上に地点をプロットしていくので,データの線形性が担保されていなくても使用することができる。つまり,ノンパラメトリックの序列化手法ともいえる。長谷川(2006)は,

図 2.13　NMDS において次元数を増やした場合の STRESS の観察値（●）と期待値（○）の例
第 2～5 次元において STRESS 値が統計的に有意に小さく，第 5 次元において観察値が最小となっている。このとき，STRESS 値の減少幅が最も大きかった軸の数（つまり 2 次元）を最適な次元数として選択する方法や，STRESS 値が最も小さくなる軸の数（つまり 5 次元）を次元数とする方法などが採用されている。

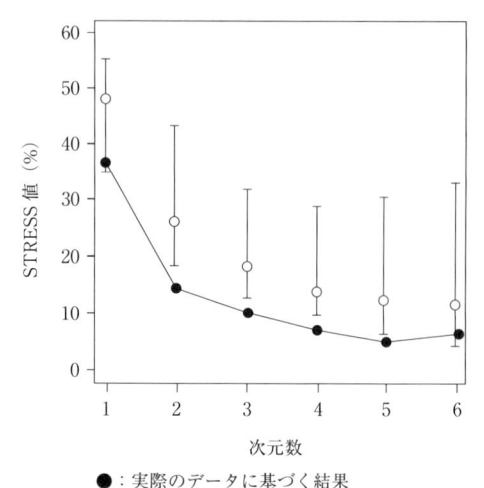

●：実際のデータに基づく結果
○：複数回ランダムに入れ替えたデータに基づく結果
（平均値と最大値，最小値を示す）

NMDS を用いるのに適したケースとして，ユークリッド距離以外の特定の類似度指数が種組成の違いを最もよく表している場合（それを解析に用いたい場合）や，想定される環境傾度が複雑な場合，種の応答モデルがない場合を挙げている。逆に，NMDS を用いるのに適さないケースとしては，群集の種組成の差異について類似性距離の絶対値の差異をもとに比較したい場合が挙げられる。これは，類似性距離の評価に順序尺度を用いることによる。順序尺度に変換されることで，絶対的な距離の情報が失われるため「どれだけ離れているか」を適切に評価できなくなるからだ（McCune and Mefford, 1999）。また，地点スコアと種のスコアが対応した形で求められないという弱点もある。種のスコアを解釈するにあたり，地点スコアを参考にすることができないため，種組成がどのような環境条件により変化しているかは判断できるが，具体的にどのような種組成の変化が生じているのかについては，別途分析する必要がある（加藤, 1995）。

NMDSは，1960年代に開発された手法であるにもかかわらず，近年まであまり用いられてこなかった。von Wehrden *et al.* (2009) によると，2000年代以降，NMDSを用いた研究が急速に増えつつあるが，その理由としてコンピュータ性能の向上が指摘されている。前述のとおり，NMDSでは結果の妥当性（統計的有意性）を判断するため，種組成データをランダムに入れ替えて同じ計算を何度も繰り返す操作が行われ，計算過程においてコンピュータに大きな負荷がかかる。しかし近年では，繰り返しの回数にもよるが，RやPCORDを用いればすぐに計算が終了する。

2.3.2 直接傾度分析
(1) 正準対応分析 CCA (canonical correspondence analysis)

群集の種組成データのみで序列化を行うのではなく，特定の環境要因が群集の種組成に与える影響を直接的に評価したい場合には，種組成のデータに加え，環境要因のデータをセットで分析に組み込む直接傾度分析手法がある。直接傾度分析の代表的手法である正準対応分析（CCA; ter Braak, 1986; ter Braak, 1994）では，はじめから複数の環境変数を考慮して分析が進められる。まず，間接傾度分析であるCAの加重平均に基づく計算（図2.7）を行った上で，得られた地点のスコアを応答変数，環境要因を説明変数とした重回帰分析を行う（重回帰分析については第4章を参照）。重回帰モデルの結果得られる地点の予測値を新しい地点スコアに置き換え，CA同様，地点と種のスコア（X_jとY_i）が収束するまで同じ計算が繰り返される。下位の軸は，上位の軸と直交するようにスコアの基準化が行われ，分析に使われる種の数と環境要因として組み込まれた変数の数のうち少ないほうが，最大限算出可能な軸の数になる（加藤，1995）。環境要因として分析に組み込む変数の中に，種組成に影響を与えている主要な要因が含まれていない場合，種組成の変化とその変化を引き起こす要因との関係を適切に見出すことができなくなる。そのため，はじめからCCAを単独で用いるよりは，あらかじめDCAなどの間接傾度分析を用いて種組成の主要な変化の軸を確認した上で，CCAを実行したほうがよい（加藤，1995）。

(2) 冗長分析 RDA (redundancy analysis)

　CCA が CA に重回帰分析を組み合わせた手法であるのに対して，冗長分析（RDA）は，PCA に重回帰分析を組み合わせた手法である（ter Braak 1994; Van Wijngaarden *et al.*, 1995; Legendre and Anderson 1999)。ただし，CCA が単峰型の分布を想定しているのに対して，RDA は環境傾度に対する個々の種のアバンダンスの変化の様子が直線的であるか，少なくとも単調であることを前提としているため，幅広い環境傾度をカバーしたデータの分析には適さないと考えられている。PCA では応答変数（群集データ）の共分散行列もしくは相関行列が，固有ベクトルと固有値に分解され，サンプルの主成分得点が固有ベクトルに基づいて計算される。一方，RDA では，固有ベクトルが環境要因として組み込まれた説明変数の線形結合に制約される。つまり，応答変数（固有ベクトル）と説明変数（環境要因）との間で，線形結合を前提とした重回帰分析が行われる。ここで，説明変数のばらつきが応答変数のばらつきを説明する割合を冗長度（redundancy）とし，この冗長度を最大化するような合成変量が求められる。これが冗長分析という名前の由来である。

　最後に，CCA と RDA という特徴の異なる 2 つの直接傾度分析手法を，データの特性に応じて適切に組み合わせることで，モンゴルの放牧地生態系における植物群集の種組成や，植物機能群の組成と環境要因の関係を明らかにした事例を紹介する（Sasaki *et al.*, 2008)。まず，地形条件をもとに複数の立地タイプを抽出した後，立地タイプごとに放牧傾度に沿った植生調査と土壌の理化学性の分析が行われた。続いて，地点×種と地点×環境要因（土壌理化学性や放牧傾度を含む）の 2 つのデータマトリクスを用いて CCA を，地点×機能群（生活史や家畜の嗜好性によって分けられた植物種のグループ）と地点×環境要因の 2 つのデータマトリクスを用いて RDA を実行した。前述の長谷川（2006）による基準をもとに考えると，種組成データに関しては多様な立地環境（幅広い環境傾度）をカバーしていると考えられるため，CCA がふさわしい。機能群の組成からなるデータについては，複数の種を機能群にまとめて評価することから，情報が集約されてデータのばらつきが小さくなるため，RDA のほうがふさわしいと考えることができる。CCA および RDA の結果から，立地タイプご

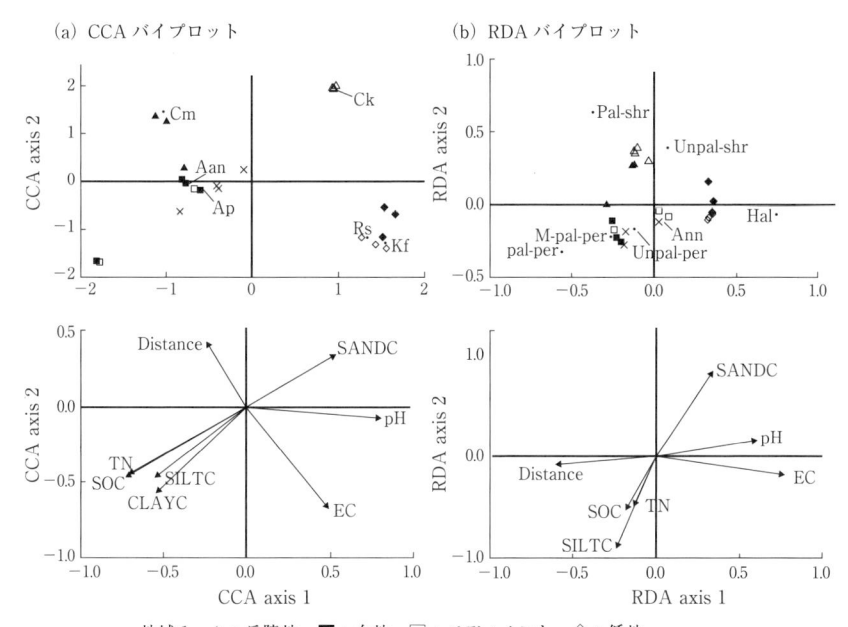

(a) CCA バイプロット　　　　(b) RDA バイプロット

図 2.14　地形立地タイプごとの放牧圧の変化にともなう種組成の差異
(a) 地点×種と地点×環境要因の 2 つのデータマトリクスを用いた CCA の結果，(b) 地点×機能特性と地点×環境要因の 2 つのデータマトリクスを用いた RDA の結果．それぞれ上図が地点および種（もしくは機能特性）の散布図で，下図が説明変数と軸との関係の強さを示すバイプロットを示す．ペディメントとは，山麓侵食緩斜面のことである．Sasaki *et al.* (2008) より改訂引用．

地域 1　▲：丘陵地，■：台地，□：ペディメント，◇：低地
地域 2　×：ペディメント上位面，△：ペディメント下位面，◆：低地
Allium anisopodium (Aan), *A. polyrrhizum* (Ap), *Reaunuria soongorica* (Rs), *Kalidium foliatum* (Kf), *Caragana korshinskii* (Ck), Pal：高嗜好性，M-pal：中嗜好性，Unpal：非嗜好性，shr：低木，per：多年草，Ann：一年草，Hal：塩生低木

とに種組成や，機能群組成と環境要因の関係が明らかになった（図 2.14）．図 2.14a が種組成に基づく結果を，図 2.14b が機能群組成に基づく結果を表し，それぞれ上図が CCA および RDA に基づく序列化空間における地点の散布図である．下図は，分析に組み込んだ各環境要因と第 1 軸および第 2 軸との関係を示している．この例では，上図と下図の情報は見やすさの観点から別に描かれているが，しばしば同じ図上で描かれることがあり，そのような図のことをバイプロットと呼んでいる．下図の矢印の長さが関係性の強さを表しており，たとえば，図 2.14a の下図からは，第 1 軸の値が大きいほど土壌 pH や EC（電

気伝導度）が高く，第2軸の値が小さいほどECの値が高いことが読み取れる。これらの結果より，低地では，土壌pHやEC（電気伝導度）の値が高く，これらの環境要因に対応した種および機能群が成立していると考えられた。つまり，低地では土壌の塩類化が進行しており，高塩濃度耐性の低木が優占することを表している。一方，丘陵地については，土壌の粒径組成が粗く，風食に対する受食性が高いため，風衝地に優占する灌木が成立していると考えられた。このように，対象地域における成立植生は，立地タイプごとの環境要因と密接に関連していることが示された（Sasaki *et al.*, 2008）。

2.4 植物群集の分類

植物群集を要約する方法として，似たサンプルをグループにまとめていく分類の手法がある。分類には，似ている群集をまとめていく結合法と，似ていない群集を分けていく分割法とがある。さらに，分類されて得られたグループの特徴を表す指標種を抽出する方法や，各グループがどのような特徴をもっているのかを，成立する環境条件等の側面から明らかにしていくための手法もある。本節では，まず「植物群集を分類するため手法」としていくつかの代表的な分類手法を紹介した上で，「分類されたグループを解釈するための手法」として，各グループの指標種を抽出する方法およびグループの特徴を判別する方法を紹介する。

2.4.1 植物群集を分類するための手法
(1) 階層的クラスター分類 (hierarchical clustering)

階層的クラスター分類は，サンプル間の類似度指数を算出し，最も似ているサンプルから順次集めてクラスターを作っていく方法である。クラスタリング法や凝集型階層手法とも呼ばれ，図2.15に示す手順で行われる。まず，地点間の（非）類似度指数（2.2節）を算出し，得られた値に基づいてサンプルのグループ化（クラスタリング）を行う。クラスタリングの方法としてさまざまな方法が提案されており，それぞれにメリットとデメリットが存在するため（表2.5），目的に応じた適切な方法を選択する。

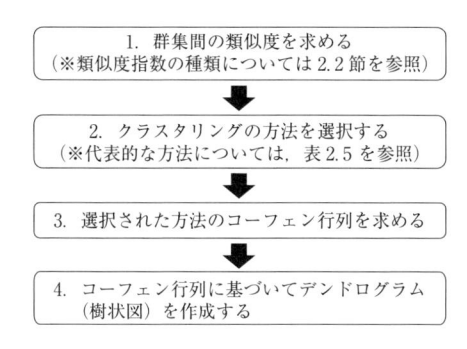

```
┌─────────────────────────────┐
│  1. 群集間の類似度を求める      │
│ (※類似度指数の種類については2.2節を参照) │
└─────────────────────────────┘
              ▼
┌─────────────────────────────┐
│  2. クラスタリングの方法を選択する  │
│ (※代表的な方法については，表2.5を参照) │
└─────────────────────────────┘
              ▼
┌─────────────────────────────┐
│  3. 選択された方法のコーフェン行列を求める │
└─────────────────────────────┘
              ▼
┌─────────────────────────────┐
│  4. コーフェン行列に基づいてデンドログラム │
│     (樹状図) を作成する          │
└─────────────────────────────┘
```

図 2.15　階層的クラスター分類の手順

　クラスタリングの主な方法として，最近隣法（最短距離法），最遠隣法（最長距離法），重心法，メディアン法（中央値法），群平均法（平均連結法），ウォード法などがある。クラスタリングの目的は「似たまとまり」を群（クラスター）としてまとめ，さらに2群間の距離の近い順に上位の群にまとめていくことで，まとまり方のパターンを知ることにある（嶺田ら，2005）。ここで，2群間の距離の測り方にそれぞれの特徴がある（表2.5）。コーフェン行列とは，距離行列のことであり，初期の段階では，地点間での類似度指数に基づく距離行列に相当する。クラスタリングが進んでいくにつれて，群間での距離行列として集約されていき，その過程がデンドログラム（樹状図）としてまとめられることになる（図2.16）。重心法，メディアン法，ウォード法では，ユークリッド距離（とそこから派生した非類似度指数）を用いることが前提となっているため，ユークリッド距離以外の（非）類似度を用いたい場合には，最近隣法，最遠隣法，群平均法のどれかを選択する必要がある。最近隣法では，クラスターが形成されはじめると，それに類似のサンプルが次々とぶら下がって，最終的に少数の巨大なクラスターといくつかの外れ値の群集という構造になりやすいが，逆に，最遠隣法では小さなクラスターがたくさん形成される傾向がある（嶺田ら，2005）。そのため，植物群集データの分類には，群平均法が比較的良好だといわれている（小林，1995）。

　クラスター分類は，植物群集を種組成の違いから分類するだけでなく，種形質の組み合わせの違いから種を分類する場合（Hérault and Honnay 2005; Adriaens et al., 2006）や，種を気候条件等の生育適地の違いから分類する場合

表 2.5 階層的クラスター分類における主なクラスタリングの手法とその特徴
小林 (1995) および嶺田ら (2005) を参照。

クラスタリング手法	具体的な方法	特徴（メリットとデメリット）
最近隣法 （最短距離法）	2つのクラスター間の距離を，それぞれのクラスターに含まれる点のうち最も近い2地点間の距離として定義し，距離（最小値）の小さいものから統合する。	分類の感度が低く，すでに形成されているクラスターに加えられていく傾向があるため，結果が鎖状になりやすい。
最遠隣法 （最長距離法）	2つのクラスター間の距離を，それぞれのクラスターに含まれる地点のうち最も遠い2地点間の距離として定義し，距離（最大値）の小さいものから統合する。	分類の感度が高く，次々と新しいクラスターが形成されていく傾向があるため，結果が拡散しやすい。
重心法	2つのクラスター間の距離を，両クラスターの重心間の距離と定義し，その距離が小さいものから統合する。	最近隣や最遠隣よりも特定の地点による影響が少ない。ただし，新たに形成されるクラスターを構成する2群の地点数の差が大きいとき，小さい群の特性が軽視される。
メディアン法 （中央値法）	2つのクラスター間の距離を，両クラスターの中央値間の距離として定義し，その距離が小さいものから統合する。	地点数が少ないデータでは重心法と似た結果が得られるが，地点数が多くなるにつれて小さいクラスターの傾向を反映し，違った結果が得られる。
群平均法	2つのクラスター間の距離を，それぞれのクラスター（群）に含まれる地点相互間距離の平均として定義し，距離の平均値の小さいものから統合する。	分類の感度が高く，植物群集の分類でもよく使用されるが，クラスター間の距離として平均値を求めるため，用いる類似度指数（たとえば，相関係数や C_λ）によっては，不適切な場合がある。
ウォード法	クラスター内での分散（平方和の増分）が最も小さくなるようなクラスター（もしくは地点）から統合する。	分類の感度が高く，植物群集の分類においても最も頻繁に用いられている。

(Manthey and Box, 2007) など，幅広い目的で使用されている。たとえば，Hérault and Honnay (2007) では，湿潤度の異なる2種類の河畔林（湿性林と沼沢林）を対象として，それぞれに特徴的な種群を，種形質との関係から明らかにしている。ヨーロッパのルクセンブルクには，分断化の進んだ河畔林が分布しており，保全上の重要性が指摘されている。まず，河畔林に出現した種を対

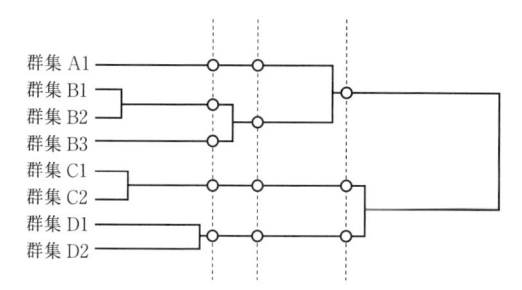

図 2.16 階層的クラスター分類によって得られるデンドログラム（樹状図）の例

表 2.6 河畔林における環境条件の差異と，各河畔林タイプを特徴づける種グループ
種グループは，階層的クラスター分類の結果による。値は中央値を示し，河畔林タイプ間での有意差は Mann-Whitney の U 検定に基づく。Hérault and Honnay (2007)。

	P	沼沢林 ($n=72$)	湿性林 ($n=81$)
環境要因			
分断された林分の面積	n.s.	2635	2886
森林の連結性	*	1182	1474
河畔林の連結性	***	67	111
土壌還元層の深さ	***	2.5	5
歴史的連続性	***	0	2
リターの厚さ	*	0.5	0.2
土壌生産性	n.s.	6.6	6.5
土壌 pH	**	6.0	6.8
土性	**	−0.17	0.43
種グループ（水面より上部）			
木本種			
W1：風散布型木本種	n.s.	9.7%	8.8%
W2：動物散布型木本種	***	10.5%	21.5%
草本種			
H1：風散布型多年草	n.s.	5.0%	4.9%
H2：風媒型多年草	***	14.6%	13.1%
H3：一年草	***	10.4%	5.7%
H4：重力散布型多年草	***	14.5%	18.4%
H5：水散布型多年草	***	16.4%	7.4%
H6：小型地中植物	***	9.7%	15.0%
H7：動物散布型多年草	n.s.	6.9%	6.2%

***, $P < 0.001$; **, $P < 0.01$; *, $P < 0.05$; n.s., non-significant

象として，種の存続（移入や定着）を左右しうる種形質の違いにより分類した。種×種形質（散布型，生育型，植物高，媒介型など）のマトリクスをもとに，Gower の非類似度指数（カテゴリカルデータにも対応した非類似度指数；3.3

節参照）を算出し，ウォード法を用いて階層的クラスター分類を行った。対象種は，9つのグループに分類され，このうち，H2, H3, H5の3つのグループは沼沢林に特徴的に出現し，W2, H4, H6の3つのグループは，湿性林に特徴的に出現することがわかった（表2.6）。沼沢林に特徴的な3つのグループは，種数と河畔林の面積との間で有意な正の関係性が認められ，種多様性を維持するためには面積を確保することが重要だと考えられた。一方で，湿性林を特徴づける3つのグループは種数と河畔林の連結性との間に有意な正の関係性が認められ，種多様性を維持するためには生育地の連結性を高めることが重要であると考えられた。このように，河畔林の種類によって，種多様性を維持する上で重要となる対策が異なることが示唆された（Hérault and Honnay, 2007）。

(2) Two-way Indicator Species Analysis（TWINSPAN）

クラスター分類が，（非）類似度指数を用いて似ている群集から集めてグループにまとめていくのに対して，全体を異なるものに分割していくことでグループを見出していこうとする方法がTwo-way Indicator Species Analysis (TWINSPAN) である。対応分析（CA）や除歪対応分析（DCA）と同様に，Hill (1979b) によって提案された手法であり，CA（2.3節）を応用した分類型多変量解析手法といえる。

CAによって得られた第1軸の座標軸を用いて，地点を序列化し，座標の平均値を境界として地点を2分割する。その後，種ごとに出現頻度（グループ内での出現回数／グループに含まれる地点数）を算出し，グループ間の出現頻度の違いから識別種（differential species）を抽出する。識別種は，一方のグループにおける出現頻度が他方のグループにおける出現頻度の2倍以上である種と定義されている。これら識別種のみを対象として，グループ間での出現頻度の差（preference score）を算出し，地点ごとの平均値を求める。最終的に，この平均値が正になるか負になるかで，グループを2分割することになる。こうして得られたグループそれぞれについて，再度CAを適用し，同じ手法で分割を繰り返していくことで，より詳細なレベルでの分類が可能になる。ただし，分割の回数が一定以上に達したり，1つのグループに含まれる地点の数が一定以下（たとえば3地点以下）になったりした場合に分割は終了する。種の分割に

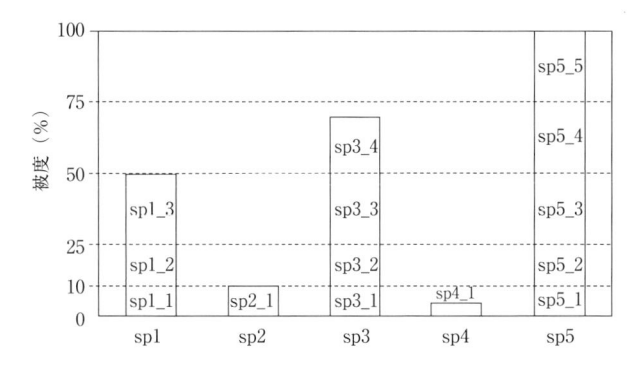

図 2.17 TWINSPAN において量的データを質的データに変換する方法
被度などの量的変量の違い（任意に設定される cut level）に応じて，仮想種（pseudo species）を設定する。

ついても，地点と種を入れ替えることで，同様の方法で分割が行われるため，結果を地点×種の 2 元表で得ることができる。

　TWINSPAN では，量的データが質的データに変換され，分割が行われている。任意に設定される cut level に応じて，被度や個体数などの量的変量を，仮想種（pseudo species）の出現の有無（0/1 データ）に置き換える。たとえば，cut level が 0, 10, 25, 50, 75 と定められているとき，ある地点 A に出現した種 sp1 の被度が 50% であった場合，仮想種である sp1_1, sp1_2, sp1_3 が 3 種出現したと仮定する（図 2.17）。同様に，種 sp2 の場合は被度が 10% のため，sp2_1 の 1 種のみ，被度 70% の sp3 は sp3_1〜4 の 4 種というように，cut level に応じて設定された仮想種出現の有無という形で，量的データの一部の情報を残しながら質的データへの変換を行う。複数回の調査における出現回数を仮想種に置き換えることもでき，また，在・不在データをそのまま用いることもできる。このように，TWINSPAN の計算過程は複雑であり，量的データを仮想種からなる質的データに変換するなど不自然な操作が加えられるため，研究者間での評価にばらつきが大きく，フリーの統計解析ソフト R では解析プログラムが用意されていない。TWINSPAN を行うためには，有料ソフトである PC-ORD[1] もしくはフリーソフト WinTWINS[2] を用いる必要がある（付表※

---

1) ver. 6, 2014 年 11 月 12 日現在．http://home.centurytel.net/~mjm/pcordwin.htm
2) ver. 2.3, 2015 年 1 月 29 日現在．http://www.canodraw.com/wintwins.htm

1参照).

　TWINSPAN を適用する上で，次のような注意点がある．まず，量的データが質的データとして扱われるため，質的データへの変換の際に，量的データがもつ情報が失われることになる．量的データに対しても適用可能ではあるものの，厳密には，質的データ（出現の有無）に対して適用されるべき方法だともいえる．長さや重さなどのように，属性値から構成されるデータについては，「在・不在」という質的な情報に置き換えることが不適切であるため，TWINSPAN を用いるのには適していない（加藤，2005）．また，TWINSPAN は，CA で得られた第1軸の座標軸のみを用いるため，1次元の単純な傾度で説明されるような群集データでないと適用が難しい（McCune and Grace, 2002）．また，出現頻度に着目するため，出現地点数が少ない種の影響を受けやすい．そのため，分析の際には，出現頻度が低い種（一般的には，地点数が3地点以下の種）を分析から除く必要がある（McCune and Mefford, 1999）．TWINSPAN の分割によって得られるグループは，類似度指数をもとに地点をまとめることで得られたグループではないため，クラスター分析の結果と比べて分割のレベルとグループ間の類似度の間の対応関係が弱い（加藤，2005）．

　TWISPAN を用いて植物群集の分類を行った研究の多くは，分類することのみを目的としているわけではなく，結果として得られたグループ間での環境条件の違いを分散分析や後述の分類樹木等を適用して明らかにしたり（たとえば，Jiao et al., 2007），序列化手法と組み合わせることで撹乱傾度を表す軸上に位置づけたり（Kitazawa and Osawa, 2002：図2.10）することで，結果の解釈を行っている．たとえば，小柳ら（2007）では，里山の半自然草地に成立する植生の質的な変化を明らかにするため，関東地方で収集された過去の植生データと現在の植生データを TWINSPAN を用いて分類し，その特徴を種多様性や外来種の出現頻度などから比較している．過去と現在の草地植生を分類した結果，それぞれ3つのグループに分類された（図2.18）．過去と現在ともに，3つのグループのうち1つは，典型的な草原性植物であるワレモコウを識別種として分類され，特に現在の草地植生では，種数および種多様性指数が他のグループよりも有意に高いことがわかった（表2.7）．ワレモコウを識別種とする現在のグループは，谷津田沿いの斜面で定期的に草刈りが行われている草地植生を

```
                1980年代の草地                    2000年代の草地
                  植生（87地点）                   植生（29地点）
        ワレモコウ                         ワレモコウ
              ┌─────┐   ヒメムカシヨモギ,         ┌─────┐
              │ P1  │   ヤハズソウ, シバ,        │ C1  │
              │19地点│   メヒシバ, カタバミ        │9地点 │  クズ    メドハギ
              └─────┘                         └─────┘
                   ┌─────┐ ┌─────┐                 ┌─────┐ ┌─────┐
                   │ P2  │ │ P3  │                 │ C2  │ │ C3  │
                   │53地点│ │15地点│                 │10地点│ │10地点│
                   └─────┘ └─────┘                 └─────┘ └─────┘
```

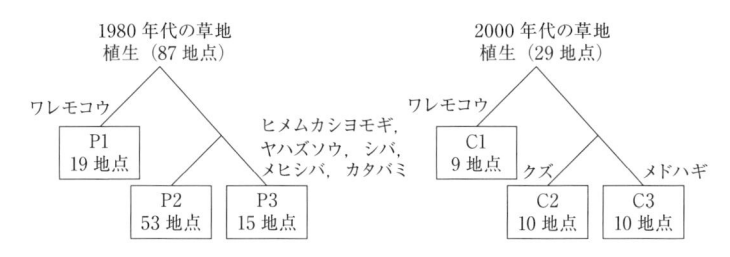

図 2.18　TWINSPAN による分割過程と各グループの識別種
小柳ら（2007）より改訂引用．

表 2.7　TWINSPAN によって分類された地点グループの特徴
全出現種数と一年生草本の種数に関しては，過去と現在それぞれについて植生グループ間の平均値を Tukey の HSD 検定により比較した．異なるアルファベットは，平均値が有意に異なることを示す（$P < 0.05$）．小柳ら（2007）から改訂引用．

	1980年代の草地植生			2000年代の草地植生		
	P1	P2	P3	C1	C2	C3
全体被度（%）	83	84	78	88	83	77
植生高（cm）	136	168	133	160	100	132
全出現種数	29.70$_a$	14.13$_c$	22.60$_b$	20.00$_a$	8.40$_b$	9.00$_b$
一年生草本の種数	1.68$_b$	2.70$_b$	8.67$_a$	4.56$_a$	1.70$_b$	0.90$_b$
外来種の出現頻度（%）	58	72	100	100	90	90

主としており，台地上に成立した過去の半自然草地と同様に，多様な草原性植物の生育地になっていると考えられた．しかし，外来種の出現頻度が高く，一・二年草の種数も多いなど，過去の半自然草地の種組成とは異なっていることがわかった．この研究では，さらに DCA を用いて，過去と現在の草地植生の種組成の違いを定量的に比較しており，TWINSPAN によって分類されたグループ間で，DCA 第 1 軸のスコアが有意に異なることも示している（図 2.19）．このように，分類と序列化の手法を組み合わせることで，種組成の違いだけでなくその特徴についても，より詳細に分析することが可能である．また，分類と序列化の解析結果を組み合わせる場合，たとえば TWINSPAN であれば，ベースとなっている CA や類似の DCA，CCA と組み合わせたり，クラスター分析の場合は，序列化で使用する（非）類似度指標を揃えたりするなど，それぞれの解析の手法を理解した上で，相性のよいもの同士を用いるのがよい．

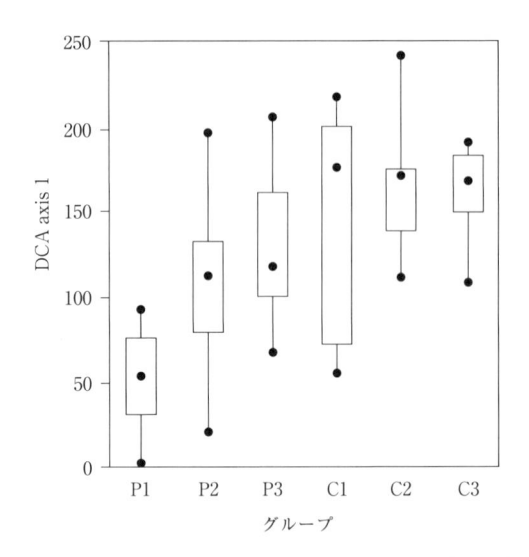

図 2.19 DCA 第 1 軸の値に基づく過去と現在の草地植生グループの比較
小柳ら（2007）より改訂引用。

2.4.2 分類されたグループを解釈する方法
(1) Multi-Response Permutation Procedures（MRPP）

　Multi-Response Permutation Procedures（MRPP）は，事前にいくつかのグループ（たとえば，管理形態の違いなど）に分けられた群集データを用いて，グループ間の種組成に有意な差があるかどうかを検定するための手法である．(Berry et al., 1983)．この手法は，階層的クラスター分類による分類の結果（図2.16）にも適用できることから，得られたクラスターが統計的にも有意かどうか客観的に判断することができる（McCune and Mefford, 1999）．
　まず，地点間の（非）類似度指数をもとに，グループ i における地点間の平均的な距離 x_i を算出する．その後，グループ内の地点数に応じて重みづけされた平均距離の合計値 δ（式 2.15）を算出する．

$$delta = \delta = \sum_{i=1}^{g} C_i x_i \qquad (2.15)$$

C_i は，グループ i に分類された地点数 n に対応した重みであり，全地点数 N に対する割合（n/N）で表される．ここで，δ の値が小さいほど，グループ内

のばらつきが小さく，まとまりが強いと考えることができる。最後に，グループ数（g）およびグループ内の地点数が同じになるように繰り返しランダムに地点を入れ替えて得られるδの期待値（expected δ）と，実際に得られたδの観察値（observed δ）とを比較することで，そのグループが統計的にも意味のあるクラスターかどうかを判断することができる。期待値（expected δ）の頻度分布は，T 分布をもとに評価することができ，観察値（observed δ）の得られる確率（P 値）が 5% よりも低ければ統計的にも有意なグループだと判断できる。P 値に加えて，以下に示す効果量（effect size）A についても検討する必要がある。

$$A = 1 - \frac{Observed\ \delta}{Expected\ \delta} \quad (2.16)$$

このとき，$0 < A < 1$ であれば，クラスターのまとまりが期待されるよりも強いと考えられる。ただし，A の値は地点数の影響を受けやすく，地点数が多いほど，有意な結果が得られやすい（McCune and Mefford, 1999）。MRPP は適切なクラスターの数を決めるために用いられる場合もあるが，グループ間の種組成に統計的有意差があるかどうかを判断するための方法であるため，デンドログラムのどの段階で区切っても（つまりクラスターの数を多少増減させたとしても）有意なグループ分けであるという結果が得られる場合もある。実際の研究事例では，研究の目的や解釈のしやすさ等から，ある程度主観的にクラスターの数が決められる場合も少なくない。その際に，本手法を用いて，選択したクラスターが統計的にも有意であることを示すことができれば，より説得力のある結果につながるだろう。

(2) Indicator Species Analysis（INSPAN）

Indicator Species Analysis（INSPAN）は，Dufréne and Legendre（1997）によって提案された手法であり，その名のとおり，群集を特徴づける指標種（indicator species）を抽出するための手法である。どのような分類結果に対しても適用可能であり，階層的クラスター分類などによる解析結果だけでなく，管理形態の違い（たとえば，野焼き，採草，放棄など）等の事前情報として得られるあらゆるグループについても適用することができる。INSPAN におけ

る指標種は，「その出現が当該グループにほぼ限られていて，かつグループに属する地点ではおおむね常に出現する種」と定義される（Dufréne and Legendre, 1997）。では，この定義を満たす種は，群集データからどのようにして抽出されるのだろうか。

INSPAN では，次の式に基づき，種ごとに各グループに対する指標価値（indicator value: IV や IndVal と表記される）を求める。まず，グループ j における種 i の相対アバンダンス RA_{ij} を以下の式から求める。分子はグループ j における種 i の平均アバンダンス $\bar{x}_{ij}$，分母は種 i の各グループにおける平均アバンダンス $\bar{x}_{i.}$ をすべてのグループについて合計した値である。

$$RA_{ij} = \frac{\bar{x}_{ij}}{\sum_j \bar{x}_{i.}} \qquad (2.17)$$

次に，種 i のグループ j における相対出現頻度 RF_{ij} を以下の式から求める。このとき，n_{ij} は種 i のグループ j におけるの出現地点数，$n_{.j}$ はグループ j の全地点数である。

$$RF_{ij} = \frac{n_{ij}}{n_{.j}} \qquad (2.18)$$

最後に，RA_{ij} と RF_{ij} を掛けあわせ 100 倍することで，種ごとの各グループに対する指標価値 IV_{ij} を求める。

$$IV_{ij} = 100(RA_{ij} \times RF_{ij}) \qquad (2.19)$$

RA_{ij} と RF_{ij} はそれぞれグループ j に対する種 i の特異性（specificity）と忠実性（fidelity）と解釈され，IV は定義のとおりその両方を考慮した値となっている。IV の値は，0〜100（%）の範囲をとり，IV が高いほどそのグループに対する指標性が高いと判断できる。ただし，特定のグループにおける IV が最も高かったとしても，その IV の値が他のグループと比べて統計的に有意に高くなければ，指標種としては認識されない。IV 値の統計的有意性は，モンテカルロ法によって検定することができる。調査地点のグループ間で地点をランダムに入れ替え，この場合に生じた IV の期待値（expected IV）と観測値（observed IV）を比較する。ランダムな入れ替えを 1000 回以上行って得られる IV の期待値の確率分布と観測値を比較し，観測値が有意に高いかどうかを判断する。Dufréne and Legendre（1997）では，IV の値が 25% 以上でかつ P 値が 0.05 以

下で有意であれば，その種は該当するグループの指標種として抽出可能としている。

INSPAN では，基本的に種ごとの個体数や被度などの量的なデータが用いられるが，在・不在データしか得られなかった場合でも実施することが可能であり，RA_{ij} を以下の式に変更することで求める（Dufréne and Legendre, 1997）。式 2.18 に酷似しているが，種 i が出現した全地点数 $n_{i.}$ が分母になっている。

$$RA_{ij} = \frac{n_{ij}}{n_{i.}} \tag{2.20}$$

このとき，RF_{ij} と IV_{ij} の計算式は，式 2.18 および式 2.19 と変わらない。また，量的データを用いた場合と比べて，結果はそれほど大きく変化しないとされる（Bakker, 2008）。

INSPAN をクラスター分類などの階層的分類と併用する場合，分類の階層ごとに各種の IV を計算することができる。このとき，ある種にとっての最適なクラスター数は，その種の IV が最大となるときと考えられるが，IV がピークを示す段階は種によって異なる（Dufréne and Legendre, 1997）。実際の研究では，任意のグループの指標種を把握することを研究目的にしている場合，グループ数を固定して各種の IV 値を計算することも多いが，分類の階層性にも着目している場合は，階層ごとに IV が最大となる種を指標種として抜き出すことも可能である。

TWINSPAN で紹介した研究事例（小柳ら，2007）では，TWINSPAN で分類された過去の植生グループについて，INSPAN を用いて指標種を抽出し，その特徴について考察している。過去の草地植生データについては，当時の詳細な管理状況などの情報が欠如していたため，定期的な草刈りによって維持されていた半自然草地がどのグループに相当するのかを，種組成の特徴から判断する必要があった。過去の植生グループの中でも，TWINSPAN を用いてワレモコウを識別種として分類されたグループは，INSPAN の結果，ワレモコウ以外にもさまざまな草原性植物（コマツナギ，アキカラマツ，ミツバツチグリ，ツリガネニンジン等）が指標種として抽出された（表 2.8）。単純に，種多様性が高いという点だけでなく，多様な草原性植物が指標種として選出されたという点からも，このグループが，関東地方にかつて定期的な火入れや採草が行われる

表 2.8 INSPAN によって抽出された過去の植生グループ P1 の指標種
小柳ら（2007）から引用。

指標種	IV	P	P1 (19 地点)	P2 (53 地点)	P3 (15 地点)
コナラ	61.6	0.001	13	4	
ワレモコウ	61.3	0.001	12	1	
アズマネザサ	55.1	0.001	18	22	4
ワラビ	54.4	0.001	11	2	
エビヅル	39.7	0.001	10	2	2
クリ	33.8	0.003	9	3	2
ネコハギ	33.7	0.004	12	8	6
サルトリイバラ	33.2	0.004	8	6	
オトコヨモギ	32.6	0.002	10	3	4
コマツナギ	32.4	0.001	9	1	3
スイカズラ	31.2	0.007	9	13	
アキカラマツ	29.8	0.002	6	1	
ヒカゲスゲ	29.8	0.005	6	1	
フジ	29.5	0.005	8	6	1
ノハラアザミ	29.3	0.003	7	5	
ナワシロイチゴ	28.5	0.019	9	6	3
ニガナ	28.2	0.005	6	2	
ミツバツチグリ	28.1	0.006	8	4	2
イヌシデ	26.3	0.001	5		
ツリガネニンジン	26.3	0.002	5		
リュウノウギク	24.8	0.008	6	1	1
ヒメヤブラン	24.6	0.002	5	1	
ヤマハギ	23.9	0.020	7	7	1
ノアザミ	23.7	0.006	6	2	1
ノコンギク	22.1	0.047	8	6	4
ウツギ	21.8	0.030	6	4	1
アカネ	21.7	0.006	5	3	
イブキボウフウ	21.1	0.002	4		
タチフウロ	21.1	0.002	4		
リンドウ	21.1	0.002	4		
タカトウダイ	21.0	0.009	5		

ことによって維持されていた半自然草地を代表する種組成であると考えられた（小柳ら，2007）。

(3) 分類樹木（classification tree）

　分類樹木（classification tree）は，1980年代に Breiman *et al.*（1984）によって提案された手法であり，生態学の分野では，De'ath and Fabricius（2000）に

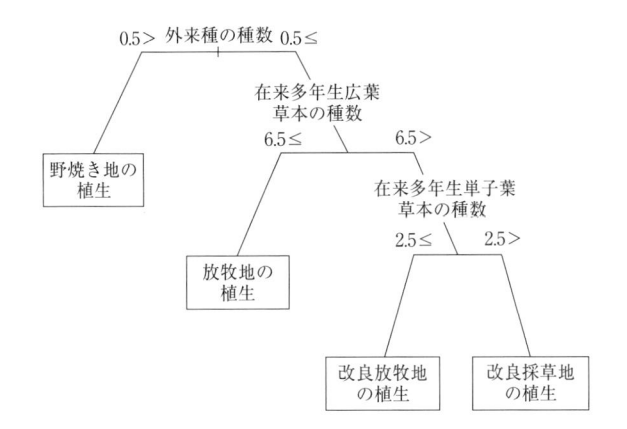

図 2.20 分類樹木による分割過程の例
Koyanagi *et al.*（2013）に収録されたデータの一部を用いて再解析した結果。管理形態を応答変数，外来種や在来種の種数を説明変数として地点の分割を行った。

よって最初に用いられた。分類樹木を用いることで，分類されたグループそれぞれについて，グループ内に共通する要因（環境特性など）を見出すことができる。今回のように，応答変数がカテゴリー（グループ等）の場合に分類樹木と呼ばれ，応答変数が数値の場合には回帰樹木（regression tree）と呼ばれる。樹木の名は，データが分割されていく過程が木の枝が伸びていくようなかたちに見えることに由来している（図 2.20）。分割前のデータを樹木の根（root node）と呼び，分割過程を枝，最終的に分割されて得られたグループは葉として表現される。

図 2.21 に分類樹木による分析結果と序列化の結果との関係を示す。序列化（ここでは CCA）の結果，特定の環境要因と強い関係性を示す第 1 軸と第 2 軸に沿って，植物群集が連続的に分布している。この群集を階層的クラスター分類によって分類した結果，A, B, C の 3 グループに分類されたとする。地点の環境条件を表す変数（土壌 pH，相対光量子密度，土壌水分など）を説明変数，種組成によって分けられたグループを応答変数として，分類樹木を用いて分析すると，最初に地点の光条件の差異によって地点が 2 分割され，その後，片方のグループがさらに土壌水分条件の違いによって 2 分割されている。この結果から，グループ A は，光条件が悪く暗い環境に成立する群集タイプ，グループ B

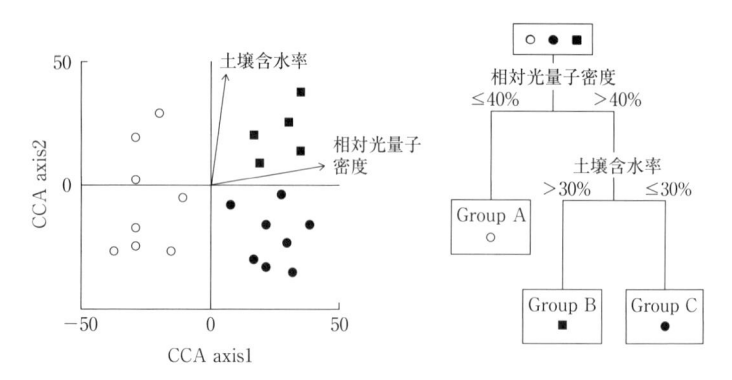

図 2.21 分類樹木と序列化（CCA）による結果の比較

は，光条件がよいかつ土壌水分量も多い環境に成立する群集タイプ，グループCは，光条件はよいものの土壌水分量が少ない乾いた環境に成立する群集タイプ，と解釈することができ，序列化の結果から得られる解釈と対応することになる。このように，分類樹木を用いることで，種組成によって分類された群集タイプ（グループ）を特徴づける環境特性等の群集成立要因を検討することができる。ほかにも，ある特徴的な生育地（たとえば老齢林）の指標となる種に共通な種特性を特定する場合（Kimberley et al., 2013）や，外来種の侵略性を左右する要因を景観構造（生育地の連結性）や生育地の管理履歴などとの関係から明らかにする場合（Pergl et al., 2012）など，さまざまな目的で用いることができる。

　分類樹木における分割は，不純度（impurity value）と呼ばれる指数を基準として行われる。分類樹木の場合，不純度は，分岐されて得られたグループ内に，応答変数の各カテゴリー（グループ）に属するサンプル（地点など）がどれくらい混在しているかを示す指標である。前述の事例（図 2.21）の場合には，A, B, C の 3 つのグループに相当する。分類樹木によって得られたグループ内が完全に均一だと 0 になり，均一性が低下するにつれて値が大きくなる。そのため，グループ内での不純度の値が最小になるように分割が行われることになる。不純度を測る指数として，以下の指数が提案されている。

$$\text{Impurity} = -\sum_{i=1}^{n} p_i ln(p_i) \tag{2.21}$$

$$\text{Impurity} = 1 - \sum_{i=1}^{n} p_i^2 \qquad (2.22)$$

ここで，p_i は分割で得られたグループ内でのカテゴリーごとの比率を示す。式 2.21 は，Shannon-Weiner の多様性指数（第 3 章参照）の考え方に基づく指数であり，式 2.22 は，Gini 指数と呼ばれている。式 2.21 を用いた場合には，初期の分割で複数のカテゴリーを含むグループを形成する傾向がある一方，式 2.22 を用いた場合には，比率の最も大きなカテゴリーを分離するように分割していく傾向がある。回帰樹木の場合にも同様に，Gini 指数をもとにした不純度が求められるが，応答変数が連続値であるため，比率の平方和ではなく，分割で得られたグループ平均に対しての平方和や，中央値からの偏差の絶対値の和が用いられる。

分類・回帰樹木は，説明変数が量的変数（土壌水分条件等）である場合にも，質的変数（管理の有無等）である場合にも対応可能である。質的変数の場合には，その変数のカテゴリー区分に応じて（たとえば，管理有と管理無），変数ごとに分割が行われ，最も不純度の値を小さくする変数とそのカテゴリーの組み合わせが抽出される。量的変数の場合には，分割はある値を閾値として，その値より小さいかそれ以上かを基準に行われる。閾値を変えながら何度も分割を繰り返すことで，不純度が最も小さくなる基準値を特定する。

では，いつどの段階で分割（樹木の枝の伸張）を止めればよいのだろうか。樹木サイズを適切に剪定するための方法の 1 つとして，交差検証（cross validation）による誤差の推定方法が提案されている（De'ath and Fabricius, 2000）。具体的には，全データの中から 1/2〜2/3 の範囲でランダムにサンプルを選択し，そのデータを用いて，枝を十分に伸張させた（分割を十分に行った）樹木群を求める。この樹木群に対して，残ったサンプルデータを当てはめて結果の予測を行い，正しく分類されるかどうかを検証する。分割結果との誤差が最も小さくなる樹木を採用することで，最適な樹木サイズを特定することができる。最適な樹木サイズを選択するもう 1 つの考え方として，Min+1SE ルールという方法も提案されている（De'ath and Fabricius, 2000）。この方法では，最も誤差が小さくなる樹木サイズではなく，その樹木サイズにおける誤差の標準誤差に着目し，最小誤差（Min）とそのときの標準誤差（SE）とを合計した値

表 2.9 Min＋1SE ルールに基づく最適な樹木サイズの選択方法の例
Koyanagi *et al.* (2013) に収録されたデータの一部を用いて再解析した結果。管理形態を応答変数，外来種や在来一年生広葉草本などの種数を説明変数として，地点の分割を行った（図 2.20）。

分割段階	誤差	誤差の標準誤差
分割なし	1.00000	0.054661
第一分割	0.78095	0.058749
第二分割	0.40952	0.052954
第三分割	0.22857	0.042842

を基準として，最適な樹木サイズを選択する。具体的に，図 2.20 に示した結果について，Min＋1SE ルールに基づく最適な分割段階を考えてみる。管理形態に対応した植生（地点）グループを目的変数とし，外来種や一年草，多年草などの種数を説明変数として分類樹木を行った結果，第一段階で，外来種の種数が 0.5 種未満の地点として野焼き地の植生が分類され，第二段階で，在来多年生広葉草本の種数が 6.5 種以上の地点として放牧地の植生が分類された。最後に，在来多年生単子葉草本の種数を説明変数として，改良放牧地と改良採草地の植生が分類された。このとき，最も分割が進んだ段階（第三分割）における誤差の値が最も小さく，Min＋1SE は，0.22857＋0.0428＝0.27141 であった（表 2.9）。この値は，第二分割での誤差の値（0.40952）よりも小さいため，最終行に示された第三分割までを最適な分割段階として選択することができる。もし，Min＋1SE の値が第二分割の誤差値よりも大きく，第一分割の誤差値よりも小さければ，第二分割までが最適な分割段階となる。

　応答変数に欠損値がある場合，分類樹木では，欠損した応答変数は独立したカテゴリーとして取り扱われる。一方，回帰樹木では，応答変数に欠損値がある場合，そのサンプルは分析から取り除かれてしまうため，情報の損失にともなうバイアスが生じる可能性がある。説明変数に欠損値がある場合には，欠損値のない代理の説明変数（もとの説明変数との一致度が高い他の説明変数）を用いて分割を進め，欠損値のある説明変数による分割は後回しにしてしまう方法などがある。また，樹木の個々の分割において最終的に分岐変数として選択されなかったが，分岐変数に近い説得力をもつ変数を代理変数として，その変数を用いた場合の改善度や連関度を求めることもできる。連関度は，選択され

た説明変数による結果と代理変数による結果とが一致する度合いを示す値であり，説明変数間の関係を含めて，得られた結果を適切に考察する上で重要な指標となる（De'ath and Fabricius, 2000）。

最後に，分類樹木を用いた事例として，塩性湿地における植生変化パターンとその要因を検証した研究（Rupprecht *et al.*, 2015）を紹介する。ドイツの北海に面した海岸沿いには塩性湿地が成立し，羊の放牧地として利用されてきた。しかし，1985年に国立公園として指定されて以降は，放牧地としての利用強度が低下し，放牧頭数が減った場所や放棄された場所も少なくない。こうした放牧圧の変化にともなう植生の変化パターンを類型化し，分類樹木を用いてその変化が生じた背景を分析した。具体的には，調査地点ごとの植生変化パターンを応答変数として，標高や利用履歴（放棄年数など），他の植生タイプとの位置関係などの要因を説明変数として解析した。その結果，たとえば放牧地に成立していた*Festuca*群落（ウシノケグサ群落）は，集約的な放牧利用が継続し，かつ標高が低い（2.3 m 以下）場所で*Puccinellia*群落に置き換わるか，*Festuca*群落のまま維持される傾向があることがわかった（図2.22）。一方で，放牧放棄

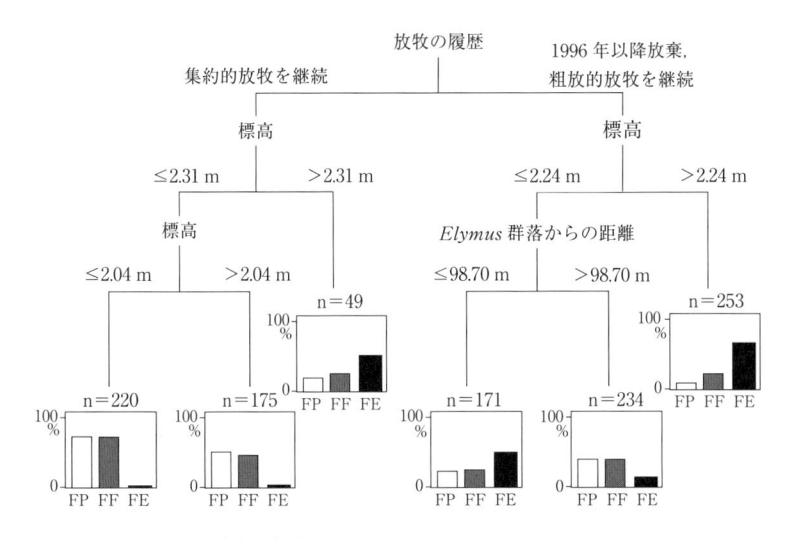

図2.22 塩性湿地における植生変化パターンとその要因
n は地点数，棒グラフは地点数の内訳を示す（FP, *Festuca* 群落→*Puccinellia* 群落；FF, *Festuca* 群落→*Festuca* 群落；FE, *Festuca* 群落→*Elymus* 群落）。Rupprecht *et al.*（2015）より改訂引用。

されたり放牧圧が減少したりした場所では，標高が高い場所，もしくは標高が低くても他の *Elymus* 群落との距離が近い場所で，*Festuca* 群落から *Elymus* 群落への変化が生じていることがわかった。このように，植生変化の方向は一方向ではなく，管理形態や立地条件の違いによって，複数の異なる群落へと移行する場合があることが分類樹木を用いた解析で明らかになった。

引用文献

Adriaens D, Honnay O, Hermy M (2006) No evidence of a plant extinction debt in highly fragmented calcareous grasslands in Belgium. *Biological Conservation*, 133: 212-224

Bagella S, Satta A, Floris I, et al. (2013) Effects of plant community composition and flowering phenology on honeybee foraging in Mediterranean sylvo-pastoral systems. *Applied Vegetation Science*, 16: 688-697

Bakker JD (2008) Increasing the utility of indicator species analysis. *Journal of Applied Ecology*, 45: 1829-1835

Beever EA, Tausch RJ, Brussard PF (2003) Characterizing grazing disturbance in semiarid ecosystems across broad scales, using diverse indices. *Ecological Applications*, 13: 119-136

Berry KJ, Kvamme KL, Mielke PW (1983) Improvements in the permutation test for the spatial analysis of the distribution of artifacts into classes. *American Antiquity*, 48: 547-553

Breiman L, Friedman F, Stone C, Olshen RA (1984) *Classification and regression trees*. Chapman and Hall CRC

Clarke KR (1993) Non-parametric multivariate analyses of changes in community structure. *Australian Journal of Ecology*, 18: 117-143

De'ath G, Fabricius KE (2000) Classification and regression trees: a powerful yet simple technique for ecological data analysis. *Ecology*, 81: 3178-3192

Dufréne M, Legendre P (1997) Species assemblages and indicator species: the need for a flexible asymmetrical approach. *Ecological Monographs*, 67: 345-366

Furukawa T, Fujiwara K, Kiboi SK, Mutiso PBC (2011) Threshold change in forest understory vegetation as a result of selective fuelwood extraction in Nairobi, Kenya. *Forest Ecology and Management*, 262: 962-969

Gower JC (1966) Some distance properties of latent root and vector methods used in multivariate analysis. *Biometrika*, 53: 325-338

長谷川元洋 (2006) 土壌動物群集の研究における座標付け手法の活用. *Edaphologia*, 80: 35-64

Hérault B, Honnay O (2005) The relative importance of local, regional and historical factors determining the distribution of plants in fragmented riverine forests: an emergent group approach. *Journal of Biogeography*, 32: 2069-2081

Hérault B, Honnay O (2007) Using life-history traits to achieve a functional classification of habitats. *Applied Vegetation Science*, 10: 73-80

Hill MO (1973) Reciprocal averaging: an eigenvector method of ordination. *Journal of Ecology*, 61: 237-249

Hill MO (1979a) *DECORANA—a FORTRAN program for detrended correspondence analysis and reciprocal averaging*. Ithaca, N. Y.: Ecology and Systematics, Cornell University

Hill MO (1979b) *TWINSPAN—a FORTEN program for arranging multivariate data in an ordered two-way table by classification of the individuals and attributes.* Ithaca, N. Y.: Ecology and Systematics, Cornell University

Hill MO, Gauch HG (1980) Detrended corresponded analysis: an improved ordination technique. *Vegetatio*, 42: 47-58

Jackson DA, Somers KM (1991) Putting things in order: the ups and downs of detrended correspondence analysis. *American Naturalist*, 137: 704-712

Jiao J, Tzanopoulos J, Xofis P, *et al.* (2007) Can the study of natural vegetation succession assist in the control of soil erosion on abandoned croplands on the Loess Plateau, China? *Restoration Ecology*, 3: 391-399

加藤和弘 (1995) 生物群集分析のための序列化手法の比較研究. 環境科学会誌, 8: 339-352

加藤和弘 (2005) 都市のみどりと鳥, 朝倉書店

Kimberley A, Blackburn GA, Whyatt JD, *et al.* (2013) Identifying the trait syndromes of conservation indicator species: how distinct are British ancient woodland indicator plants from other woodland species? *Applied Vegetation Science*, 16: 667-675

Kitazawa T, Ohsawa M (2002) Patterns of species diversity in rural herbaceous communities under different management regimes, Chiba, central Japan. *Biological Conservation*, 104: 239-249

小林四郎 (1995) 生物群集の多変量解析, 蒼樹書房

小柳知代・楠本良延・山本勝利 他 (2007) 関東地方平野部におけるススキを主体とした二次草地の過去と現在の種組成の比較. ランドスケープ研究, 70: 439-444

小柳知代・楠本良延・山本勝利 他 (2011) 管理放棄後樹林化したススキ型草地における埋土種子による草原生植物の回復可能性, 保全生態学研究, 16: 85-97

Koyanagi T, Kusumoto Y, Hiradate S, *et al.* (2013) New method for extracting plant indicators based on their adaptive responses to management practices: application to semi-natural and artificial grassland data. *Applied Vegetation Science*, 16: 95-109

Kruskal JB (1964) Nonmetric multidimensional scaling: a numerical method. *Psychometrika*, 29: 115-129

Kruskal JB, Wish M (1978) *Multidimensional Scaling*. Sage Publications,

Legendre P, Anderson MJ (1999) Distance-based redundancy analysis: testing multispecies responses in multifactorial ecological experiments. *Ecological Monographs*, 69: 1-24

Manthey M, Box EO (2007) Realized climatic niches of deciduous trees: comparing western Eurasia and eastern North America. *Journal of Biogeography*, 34: 1028-1040

McCune B, Grace JB (2002) *Analysis of Ecological Communities*. MjM Software Design

McCune B, Mefford MJ (1999) *PC-ORD. Multivariate Analysis of Ecological Data, version* 4. MjM Software Design

嶺田拓也・山中武彦・浜崎健児 (2005) 生物・社会調査のための統計解析入門：調査・研究の現場から（その8）. 農業土木学会誌, 73, 221-226

Pajunen AM, Kaarlejärvi EM, Forbes BC, Virtanen R (2010) Compositional differentiation, vegetation-environment relationships and classification of willow-characterised vegetation in the western Eurasian Arctic. *Journal of Vegetation Science*, 21: 107-119

Pergl J, Pyšek P, Perglová I, *et al.* (2012) Low persistence of a monocarpic invasive plant in historical sites biases our perception of its actual distribution. *Journal of Biogeography*, 39: 1293-1302

Rupprecht F, Wanner A, Stock M, Jensen K (2015) Succession in salt marshes - large-scale and long-term patterns after abandonment of grazing and drainage. *Applied Vegetation Science*, 18: 86-98

Sasaki T, Okayasu T, Sirato Y, *et al.* (2008) Can edaphic factors demonstrate landscape-scale differences in vegetation responses to grazing? *Plant Ecology*, **194**: 51-66

ter Braak CJF (1986) Canonical corresponded analysis: a new eigenvector technique for multivariate direct gradient analysis. *Ecology*, **67**: 1167-1179

ter Braak CJF (1994) Canonical community ordination. part I: basic theory and linear methods. *Ecoscience*, **1**: 127-140

戸島久和・小池文人・酒井暁子・藤原一繪 (2004) 都市域孤立林における偏向遷移, 日本生態学会誌, **54**: 133-141

露崎史朗 (2004) 群集・景観のパターンと動態, 『植物生態学』(寺島一郎・彦坂幸毅・竹中明夫 他) 296-322, 朝倉書店

Van Wijngaarden RPA, van den Brink PJ, Oude Voshaar JH, Leeuwangh P (1995) Ordination techniques for analysing response of biological communities to toxic stress in experimental ecosystems. *Ecotoxicology* **4**: 61-77

von Wehrden H, Hanspach J, Bruelheide H, Wesche K (2009) Pluralism and diversity: trends in the use and application of ordination methods 1990-2007. *Journal of Vegetation Science*, **20**: 695-705

山中武彦・浜崎健児・嶺田拓也 (2005) 生物・社会調査のための統計解析入門:調査・研究の現場から (その9) ―序列化する (対応分析, 除歪対応分析, 正準対応分析) ―, 農業土木学会誌, **73**: 319-325

第3章 植物群集の多様性の解析

3.1 はじめに

　生物群集には多様な種が含まれており，その多様さを包括的に表すものが生物多様性（biodiversity）である。生物多様性という用語は，人間活動の影響による種の絶滅の加速を受けて，科学的かつ政策的な側面で広く使われるようになった（Wilson, 1988; UNEP, 1992）。生物多様性条約（Convention on Biological Diversity：CBD）では，同じ種や集団における遺伝子の変異（遺伝子レベルの多様性），群集内に含まれている種の多様さ（種レベルの多様性），さまざまな生物—環境間相互作用から構成される生態系の多様さ（生態系レベルの多様性）という，主に3つのレベルから生物多様性をとらえている。昨今ではさまざまな生物多様性の定量化手法が開発されており，それらの習得は，生物多様性の維持機構解明や，環境変化に対する生物多様性の保全に関する研究を行う上で根本的に重要である（Magurran and McGill, 2011）。本来，生物多様性は生物群集に含まれる分類群を包括して表されるものであるが，それらを網羅して定量化することはしばしば困難なため，植物種の多様性，動物種の多様性といったように，限定して定量化される場合が多い。本章では，植物群集の多様性に関する研究で最も頻繁に扱われる，種レベルの多様性の定量化手法について解説する。

　植物群集データは基本的に，種×種の被度や個体数で構成される多変量データである（1.3節参照）。このデータをもとに評価できる多様性のうち，最も直観的かつ簡便に定量化できるものが種数である。種数にはそれぞれの種がもつ量の情報が反映されないため，種間の量の配分を考慮した多様性の指数もあわせて用いられることが多い。これらの定量化手法は，種が完全に異なることが前提にあり，本章では他の多様性の定量化手法と区別して種の多様性と呼ぶ。

群集に含まれる種は，種がもつ形質（たとえば，花の色や葉の形といった表現型の特徴，光合成能力と関連する葉の窒素濃度などの機能的な特徴）といった点で，多かれ少なかれ類似している。たとえば，群集に含まれる種数が同じでも，葉の高さ，大きさ，形などが似ている植物種が多く含まれる場合（概して，種間の形質の類似性が高くなる）とそれらが互いに異なる植物種が多く含まれる場合では，後者のほうが生物学的に多様といえるかもしれない。このような種がもつ形質の違いを考慮した多様性指標も開発されており，機能的多様性（functional diversity）と呼ばれている。また機能的多様性と関連した多様性の定量化手法として，種の系統情報を考慮した系統的多様性（phylogenetic diversity）も近年よく用いられるようになった多様性指標である。

多様性を評価する上で，空間スケールの考慮は重要である。一般に，最小の調査単位（1m四方のコドラートなど）の多様性をα多様性，対象とする地域全体の多様性をγ多様性，調査コドラート間や調査サイト間などの種組成の違いから生じる多様性をβ多様性と呼んでいる。多様性の空間スケールに着目することで，多様性の空間パターンやその背景にある生態的なプロセスを検証することも可能である。また，多様性の空間スケールに関する解析手法は生態学における多くの古典的な課題ともつながりがあるため，その理解は植物群集に関する研究だけでなくさまざまな生態学の研究にとって重要である。

本章では，種の多様性の定量化（3.2節），種の形質を考慮した多様性の定量化（3.3節），種の系統情報を考慮した多様性の定量化（3.4節）について研究例を交えながら順次解説する。最後に，多様性の空間スケールに関する解析手法（3.5節）について解説する。

3.2 種の多様性の定量化

野外での植物群集の調査において，生育する個々の植物について記録する際に最も基本的な単位となるのが種である。各調査区内に存在するすべての種を記載し，さらに多くの場合，それぞれの種の量に関する情報（個体数や被度）を取得する（1.2節および1.3節）。種の多様性の定量化のうち，最も直観的で容易に定量化できるものが種数で，植物群集の多様性の研究において最もよく

表 3.1 異なる 3 つの調査区で得られた架空の種組成データ
表中の数字は個体数を表している。調査区 A および C では，個体数が 1 種に偏っているのに対し，調査区 B では個体数が均等となっている。

種	調査区 A	調査区 B	調査区 C
種 a	96	20	1
種 b	1	20	1
種 c	1	20	96
種 d	1	20	1
種 e	1	20	1

用いられている変数である。表 3.1 は，異なる調査区で得られた架空の種組成データである。すべての調査区に同じ組み合わせの 5 種類の種が含まれており，種数は 5 となる。種数には，各種がもつ量の情報およびどのような種が出現したかという情報は反映されない。表 3.1 の調査区とは異なる組み合わせの種で構成される調査区であっても，5 種類の種が含まれていれば，種数はこれらの調査区と同じく 5 となる。

　群集に含まれる個々の種がもつ量の情報を考慮した多様性の指数が，均等度指数および多様度指数である。表 3.1 において，調査区 A では種 a に個体数が偏っているのに対し，調査区 B では 5 種の個体数が均等となっている。この場合，調査区 B のほうがより多様性が高いと直観的に判断することができる。このような種組成の均等さのことを，均等度（もしくは均衡度）と呼んでいる。現実の植物群集では，個体数や被度の種間配分は偏ることが多く，また生態系によっても大きく異なることが知られている。図 3.1 はさまざまな植物群集を対象に，縦軸に種の相対優占度（各種の個体数や被度が，群集全体の個体数や被度に占める割合），横軸に相対優占度による種の順位をプロットしたものであり，相対優占度曲線と呼ばれている（Hubbell, 1979）。曲線が横に長く伸びるほど種数が多く，その傾きが緩やかなほど均等度が高いことを表している。温帯亜高山林群集は種数が少なく均等度も低いのに対して，熱帯雨林群集は種数が多く均等度も高く，種の多様性がより高い群集であることがわかる。このように，種数および均等度の 2 つが種の多様性の重要な要素となる。多様度指数（もしくは多様性指数）は，種数および均等度の両方を考慮した指数である

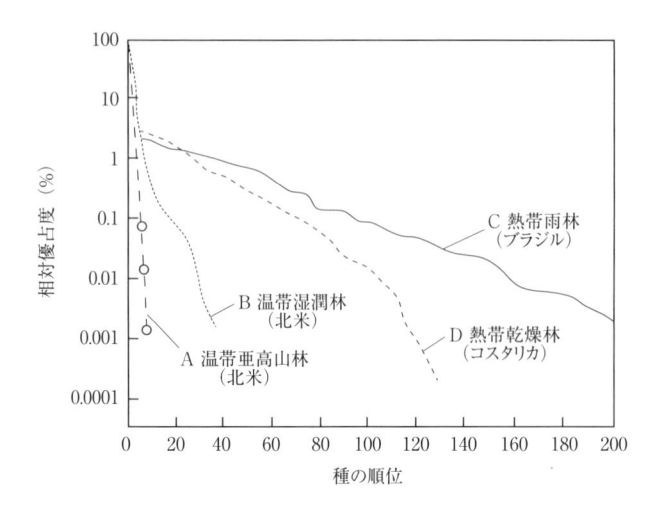

図 3.1　熱帯林および温帯林の樹木群集の相対優占度曲線の比較
曲線が横に長く伸びるほど種数が多く,その傾きが緩やかなほど均等度が高いことを表す。Hubbell (1979) を改変。

(Pielou, 1969)。以下に,多様度指数および均等度指数のうち,頻繁に扱われているものに焦点をあてて紹介する。

3.2.1　多様度指数
(1) Shannon の多様度指数

Shannon (Shannon-Wiener, Shannon-Weaver と表記されることもある) の多様度指数 (H') は以下の式で表される。

$$H' = -\sum_{i}^{S} p_i \ln p_i \tag{3.1}$$

ここで,S は群集内の種数,p_i は i 番目の種の個体数や被度が群集に占める割合,すなわち,相対優占度である。一般に自然対数が用いられるが,対数の底に 2 が用いられることもある(他研究との比較を可能にするため,その場合は用いた底について明記する必要がある)。H' はすべての種の個体数や被度が等しいとき最大値をとり,

$$H'_{\max} = -\sum_{i}^{S} p_i \ln p_i = -S \times \frac{1}{S} \ln \frac{1}{S} = \ln S \tag{3.2}$$

となる．つまり，H' は均等度が高いかつ種数が多い群集ほど，より大きな値をとる．種数と同様に，多様度指数（次項で紹介する均等度指数も同様）においても，種の量の情報は考慮されるが，どのような種が出現したかという情報は考慮されない．たとえば，表3.1の調査区Aと調査区Cでは最も個体数の多い種が異なるが，相対優占度のパターンには違いがないため，算出される多様度指数は同じ値となる．式3.1において，$-\ln p_i$ は，p_i の値が小さいほど大きな値をとるため，H' は相対優占度の低い，よりレアな種の変化の影響を受けやすい．そのため，レアな種を重視して多様性を評価し群集間の比較を行いたい場合に，Shannon の多様度指数は適している．

(2) Simpson の多様度指数

群集において無作為に2つの個体を復元抽出（この場合，群集に含まれる種の中から繰り返しを許して種を選ぶことを指す）したとき，それらが同じ種である確率は，

$$D = \sum_i^S p_i^2 \tag{3.3}$$

と表すことができる．式中の変数は，式3.1に同じである．この値が大きいほど群集は単純であり，多様度が低いことを表している．Simpson (1949) により提案され，Simpson の単純度（あるいは優占度）指数と呼ばれている．群集における種の優占度の指標としてそのまま用いられる場合もあるが，D は値が大きくなるほど多様度が低いことを表しているため，直観的に多様度の高低を把握しにくい．そのため，多様度を表す際には，

$$D_1 = 1 - D = 1 - \sum_i^S p_i^2 \tag{3.4}$$

あるいは，

$$D_2 = 1/D = \frac{1}{\sum_i^S p_i^2} \tag{3.5}$$

が用いられており，Simpson の多様度指数と呼ばれている．いずれも大きな値をとるほど，多様性が高いことを表している．Shannon と同様，$1-D$ および $1/D$ は均等度が高いかつ種数が多い群集ほど，より大きな値をとる．式3.5の

Simpson の多様度指数（D_2）は，群集内の各種の個体数や被度が全く同じであるとき，

$$D_{2\max} = \frac{1}{\sum_i^S p_i^2} = \frac{1}{S \times \dfrac{1}{S^2}} = S \tag{3.6}$$

となり，群集内の種数と等しくなり，最大値をとる。

式 3.3 において，p_i^2 はより相対優占度の高い種ほど大きな値をとる。そのため，Shannon の多様度指数とは対照的に，Simpson の多様度指数は群集における優占種の変化の影響を受けやすく，優占度の低いレアな種の影響を受けにくい。そのため，比較を行う群集にレアな種が多く含まれていて比較に影響が出そうな場合や，優占種の変化による多様性の群集間比較を行いたい場合に，Simpson の多様度指数は適している。

3.2.2　均等度指数

(1) Shannon の均等度指数（または Pielou の均等度指数）

均等度は，群集内の種の量が互いにどのくらい違うかを定量化した尺度である。前項で紹介した 2 つの多様度指数は，種数と均等度の両方の要素を含む指数であった。そこで，多様度指数から種数の要素を除けば，均等度を定量化することができる。Shannon の多様度指数（H'）は，群集内の各種の個体数や被度が全く同じであるとき，最大値（$H'_{\max}$）をとる（前節参照）。ゆえに，H' を $H'_{\max}$ で割った値，

$$\text{Shannon's evenness (Pielou's } J) = \frac{H'}{\ln S} \tag{3.7}$$

が Shannon の均等度指数となる（Pielou, 1969）。この値は，種数に依存しない。値が 1 に近づくほど，均等度が高いことを表している。

(2) Simpson の均等度指数

Simpson の多様度指数（D_2：式 3.5）は，群集内の各種の個体数や被度が全く同じであるとき，最大値をとり，群集内の種数と等しくなる（式 3.6）。そのため，Shannon の均等度の算出と同様に，D_2 の最大値に対する割合で Simpson

の均等度を定量化することができる.ゆえに,

$$\text{Simpson's evenness} = D_2/S = \frac{1}{\sum_i^S p_i^2 \times S} \tag{3.8}$$

と表すことができる.この値は,種数に依存しない.値が1に近づくほど,均等度が高いことを表している.

3.2.3 種の多様性に関する研究例

生態系におけるさまざまな撹乱（図3.2）は,生物多様性に大きな影響を与える.撹乱が多様性に与える影響の解明は,多様性の保全や生態系の持続的利用を考える上で重要である.Veen *et al.* (2008) は,アメリカカンザス州のプレー

(a)   (b)

(c)   (d)

図3.2 生態系におけるさまざまな撹乱
(a) 草原における家畜の放牧（筆者撮影）,(b) 森林の伐採 (http://www.ancientforestalliance.org/galleries.php より引用),(c) 野火 (http://webecoist.momtastic.com/ より引用),(d) 洪水 (http://www.crh.noaa.gov/mkx/ より引用)

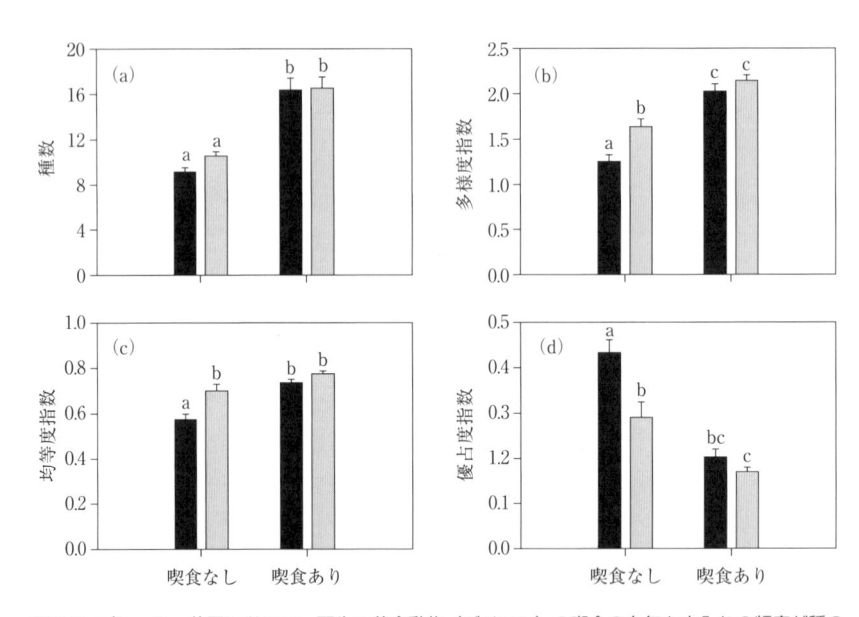

図 3.3 プレーリー草原において，野生の草食動物（バイソン）の喫食の有無と火入れの頻度が種の多様性に与える影響を検証した結果

黒色のバーは毎年火入れを行った実験区で，灰色のバーは4年に1度火入れを行った実験区を表す。エラーバーは標準誤差。有意な差（$p \leq 0.05$）が認められた場合は，バーの上に異なるアルファベットを付してある。Veen *et al.* (2008) を改変。

リー草原において，野生の草食動物（バイソン）の喫食の有無と火入れの頻度が種の多様性に与える影響を検証した。種の多様性の指数として種数，Shannon の多様性指数，Shannon の均等度指数を，優占度の指数として Simpson の単純度指数（式 3.3 を少し改変したもので本質的には同じ）を用いた。草食動物の喫食の影響がある実験区では，種数，多様性，均等度が高く，優占度が低くなった（図 3.3a-d）。これは喫食によって，イネ科草本数種による優占が抑制され，広葉草本類の種数および被度が増えたためであると考えられる。一方，4年に1度火入れを行う実験区は，毎年火入れを行う実験区に比べて多様性および均等度が高く，優占度が低くなる傾向にあることがわかった（図 3.3b-d）。とくに喫食の影響を排除した実験区において，毎年の火入れによる効果が顕著に表れ，多様性，均等度，優占度に差が認められた。これは，毎年の火入れによる C4 のイネ科草本の優占度の増加が，喫食の影響を排除す

ることでさらに助長されるためであると考えられる．この研究例では，仮に種数だけに着目したとすると，喫食の影響を排除した実験区における毎年の火入れによる効果が検出されなかった（図3.3a）．ゆえに，種の多様性の定量化においては，種数および均等度の両方の要素を考慮することが望ましい．以上のように，種の多様性の定量化を通して，草食動物の喫食や火入れなど，生態系における撹乱による生物多様性の維持機構を検証することが可能である．

　撹乱による生物多様性への影響に関する研究が蓄積されていく一方，生物多様性による生態系機能への影響に関する研究も近年発展している．つまり，前者の研究では生物多様性を応答変数とし，後者の研究では生物多様性を説明変数として扱う点で異なる（後者の研究例については第4章においても解説する）．生態系機能とは，生態系内の相互作用による生物の繁殖，物質の生産・循環・分解を基本とするプロセスのことである．生物多様性を保全する積極的な動機が追求される中で，生態系が健全に機能する上での生物多様性の重要性が認識され始めてきたのが，後者の研究が発展した背景である．現在では，生物多様性と生態系機能の関係の解明が，生物多様性研究の最も重要なテーマの1つとなっている．Tilman *et al.* (2001) は，アメリカミネソタ州のシダークリークにおいて，9m四方の実験区に植物を播種し，種数のレベルを操作した．2年間生育を安定させた後，各実験区において植物のバイオマスを測定した．すると，種数のレベルが高い実験区ほど植物の地上部バイオマスは高くなり，種数の効果は観測年を経るごとに強くなっていった（図3.4a）．またこの傾向は，地下部バイオマスも含めた全植物体のバイオマスについても同様に認められた（図3.4b）．播種に使った種は全部で18種の多年生植物で，これらの種はC4イネ科草本，C3イネ科草本，マメ科広葉草本，その他の広葉草本，灌木といった複数の機能群（生物の機能や形質によって分類された種のグループを指す）から構成されていた．種数のレベルが高い実験区は多様な機能群を含んでおり，土壌栄養などの資源を効率的に利用できたことによって，地上部および地下部の生産性が高まったと考えられた．この効果は相補性効果と呼ばれており，主に種間のニッチの差異や促進作用（種間における正の相互作用）に起因するもので，種が多様であることの純粋な効果ととらえることができる．種間で利用資源のニッチが異なると，群集に多く種が含まれるほど群集全体で効率

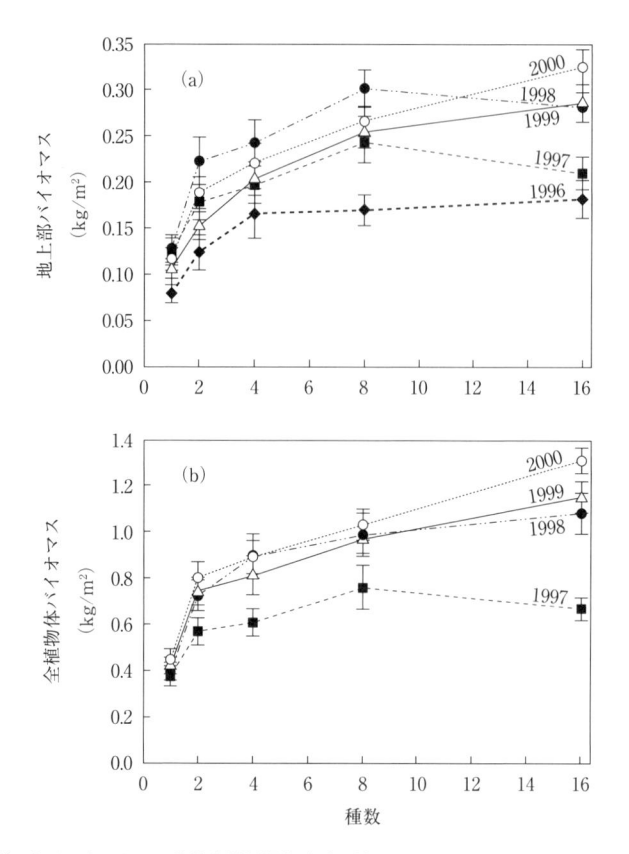

図 3.4 シダークリークにおける生物多様性操作実験の結果
(a) 播種によって操作した植物種の数と地上部バイオマスの関係，(b) 植物種の数と全植物体バイオマスの関係。Tilman et al. (2001) を改変。

的な資源利用が行われるため，生態系機能は結果的に高まると考えられる。また，種数のレベルが高い実験区には生産性の高い種が含まれる確率が高く，さらにそれらが優占することで，とくに実験初期において生産性が向上したものと考えられた。この効果は選択効果と呼ばれ，群集に含まれる種が多いほど機能の高い種が含まれる確率が高くなり，さらにその種が群集内で優占することによって，結果的に機能が向上するという現象である。生物多様性の操作実験では，単一種で構成される実験区（単植区：monoculture）を対照区として設けることによって，相補性効果と選択効果を区別することができる（Box 3.1）。

相補性効果と選択効果は互いに排他的ではなく，どちらも生態系機能の向上に寄与している。

● Box 3.1 ●

生態系機能に対する多様性の効果の解析：相補性効果と選択効果を区別する

　生物多様性が生態系機能を向上させるメカニズムとして，相補性効果と選択効果がある。生物多様性の操作実験において，複数の種から構成される実験区（混植区：polyculture）と単一の種で構成される実験区（単植区：monoculture）の生態系機能を比較することで，多様性による相補性効果と選択効果を区別することができる（Loreau and Hector, 2001）。

　ここでは，対象とする生態系機能を生産量として解説する。正味の多様性の効果 ΔY は，混植区で観測された生産量から，相補性効果および選択効果が全く存在しないと仮定した場合の生産量の期待値を引いたものとなる。ここで後者の期待値は，各種の単植区における生産量を混植区における初期の相対アバンダンス（播種による多様性操作の場合，各混植区における全体の播種量に対する各種の播種量の割合）で重みづけした値の合計値として計算できる。ΔY は，以下のように加法分割できる。

$$\Delta Y = Y_o - Y_E = \sum_i \frac{Y_{oi}}{M_i} \times M_i - \sum_i \frac{Y_{Ei}}{M_i} \times M_i = \sum_i \mathrm{RY}_{oi} M_i - \sum_i \mathrm{RY}_{Ei} M_i$$

$$= \sum_i \Delta \mathrm{RY}_i M_i = N \overline{\Delta \mathrm{RY}} \, \overline{M} + N \, cov(\Delta \mathrm{RY}, M)$$

- Y_o：混植区における生産量（実測値）
- Y_E：混植区における生産量（期待値）
- Y_{oi}：混植区における種 i の生産量の実測値
- M_i：種 i の単植区における生産量（実測値）
- Y_{Ei}：混植区における種 i の生産量の期待値
- RY_{oi}：混植区における種 i の生産量（実測値）の，単植区における種 i の生産量に対する相対値
- RY_{Ei}：混植区における種 i の生産量（期待値）の，単植区における種 i の生産量に対する相対値，すなわち種 i の初期の相対アバンダンス
- $\Delta \mathrm{RY}_i$：混植区における種 i の生産量（実測値）の相対値から，混植区における種 i の生産量（期待値）の相対値を引いた値
- N：混植区における種数

この数式における，$N \overline{\Delta \mathrm{RY}} \, \overline{M}$ が相補性効果を，$N \, \mathrm{cov}(\Delta \mathrm{RY}, M)$ が選択効果を表す。相補性効果は，混植区における種の生産量の平均値が，単植区における種の生

産量の重みづけ平均値よりも大きい場合に生じる．ニッチ分割や促進作用などを通して，各種が資源を相補的に利用している場合に相補性効果が生まれる．選択効果は，単植区での生産量が，単植区での生産量の全種の平均値より高い種が混植区を優占するような場合に生じる．

正味の多様性の効果，相補性効果の貢献度，選択効果の貢献度と生物多様性との関係性を検証することにより，生物多様性によって生態系機能が向上するメカニズムを検証することができる．

3.3 種の形質を考慮した多様性の定量化

機能的多様性（functional diversity）は，群集における種の形質の多次元性を定量化したものであり，生物学的多様性（biological diversity）や生態系の機能性（ecosystem functionality）のさまざまな側面を表す指標として近年注目されている（Petchey and Gaston, 2006; Cadotte et al., 2011）．形質とは，種がもつ表現型上の特徴または機能的な特徴（あるいは両方）のことを指す．前者はたとえば，植物の花の色，葉の形等である．後者については，たとえば植物種における葉の窒素濃度等は光合成速度と関連し（Wright et al., 2004），生活史や葉の高さ等は放牧などの撹乱や環境変化に対する種の応答と関連する（Diaz et al., 2001）．近年，機能的多様性は，種の局所絶滅による生態系機能への影響の検証や，生物多様性の指標の1つとしての生態系機能との関係性解明などを目的とし，さまざまな生態系や分類群を対象に用いられている（Petchey and Gaston, 2002; Matsuzaki et al., 2013; Sasaki et al., 2014）．

3.2節で紹介した種の多様性の定量化手法においては，種は互いに完全に異なるという前提が置かれている（図3.5a）．機能的多様性の定量化手法においては，種の違いを形質（trait）の違いに基づいて表現する（図3.5a）．種の多様性の定量化と同様，機能的多様性にも種に関する量の情報を組み込んで定量化することができる（図3.5b）．これによって，生態系の機能性や存続性，種がもつ形質情報の多様性の指標として機能的多様性を位置づけることが可能になる（図3.5c）．また，機能的多様性は生態系のレジリエンス（生態系が機能を損なわずに撹乱を吸収できる能力）とも関連する．一般に，機能的多様性の高い

3.3 種の形質を考慮した多様性の定量化

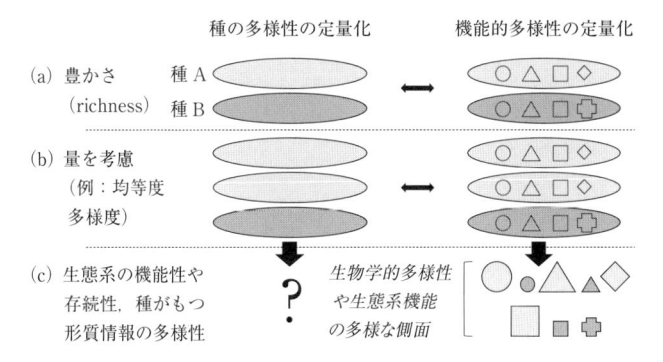

図 3.5 種の多様性の定量化と機能的多様性の定量化の違い
(a) 種の多様性は，種は互いに完全に異なるという前提で定量化される．一方，機能的多様性は種の違いを形質の違いに基づいて定量化する（図における記号の違いは形質の違いを表す）．(b) 種の多様性の定量化と同様，機能的多様性の定量化においても量を考慮することができる．(c) これにより，種がもつ形質情報の多様性や，特定の機能と関連する形質の多様性を定量化することにより生態系機能の多様な側面を指標化することができる．Reiss *et al.* (2009) を改変．

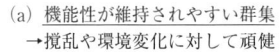

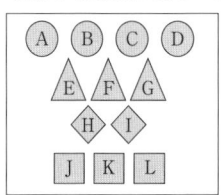

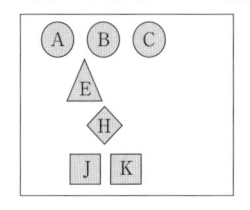

図 3.6 群集の機能的多様性と撹乱や環境変化に対する脆弱性
図形の違いは種 A〜L がもつ機能の違いを表す（群集 a も b も機能が 4 種類）．大きな撹乱が起き，仮に種 E, H, J, K が失われたとすると，機能的多様性の高い群集 a は機能が 4 種類とも残るのに対し，機能的多様性の低い群集 b は機能が 1 種類となるため，撹乱に対して脆弱であると考えられる．

群集ほど，撹乱によって生態系の機能性が損なわれにくくなる（図 3.6a）．一方，機能的多様性が低い群集は撹乱によって生態系の機能性が損なわれやすく，撹乱に対して脆弱となる（図 3.6b）．ただし，機能的多様性が低い場合でも，撹乱に対する耐性をもつ種が多いために撹乱によって種があまり失われなかったり，撹乱に対する種の応答が多様であったりすると（とくに，撹乱によって消失する種もあれば移入する種もある場合で，新たに移入する種が機能を

表 3.2 機能的多様性の算出に必要な種組成データ (a) と形質データ (b)
データは架空のもの。形質データには定量的なデータと質的なデータ (b の例では，名義尺度のデータ) が混在する場合が多い。形質データには欠損値があっても計算可能な手法が開発されている (本文参照)。

(a) 種組成のデータ (数字は個体数)

種	調査区		
	A	B	C
種 a	20	10	30
種 b	30	40	10
種 c	10	40	30
種 d	35	5	25
種 e	5	5	5

(b) 種組成と対応した形質のデータ

種	形質		
	葉の高さ (cm)	葉のフェノロジー	種子散布型
種 a	15.5	落葉	風散布
種 b	12.5	落葉	風散布
種 c	18.5	落葉	重力散布
種 d	7.5	常緑	風散布
種 e	2.5	常緑	動物散布

補償するような場合)，生態系のレジリエンスは高くなる (詳しくは，Mori et al., 2013 を参照)。このように機能的多様性は，群集において種が生物学的かつ機能的にどのくらい多様であるかを定量化し，生態系の機能性や存続性を指標するものである。

機能的多様性の定量化には，対象とする植物群集の種組成 (表 3.2a) とそれに対応する種の形質のデータ (この例では 3 種類の形質のデータが得られている：表 3.2b) の 2 つが必要である。種の形質データは，野外で観察あるいはサンプリングを行い取得するもの (葉の高さや大きさ，葉の炭素・窒素含有率など)，あるいは植物図鑑や既存の文献情報 (たとえば，Kattge et al., 2011) から取得するものがある。そのため，表 3.2b に示した例のように，形質データは定量的なデータと質的なデータ (たとえば，名義尺度や順序尺度のデータ) が混在する場合が多い (データの特性に関する注意点については後述する)。形質は，種ごとの機能 (光合成能力や成長速度など) を実測する場合に比べて簡便に計測することができるため，生物多様性の新たな定量化手法として利用が

増えている．3.3.1〜3.3.3 項で紹介する機能的多様性の指数はすべて，種ごとの形質の平均値を計算に用いる．植物形質データの収集方法の解説については，本書と同シリーズの『植物の形質調査法』（黒川ら，in press）に詳しいので，そちらを参照されたい．

　機能的多様性も種の多様性の定量化と同様に，種の数および均等度の 2 つの要素から構成される．また，考慮する形質の種類数が 1 つの場合（1 次元）と複数の場合（多次元）とでは，適用可能な手法が異なる．以下では，考慮する形質の種類数にあわせて，機能的な豊かさ（functional richness）の指標（種の量の情報は反映されない），機能的な均等度（functional evenness）の指標，機能的な多様度（functional divergence）の指標の 3 つに分け，それらのうち，代表的なものに焦点をあてて解説する．

3.3.1　機能的な豊かさの指標

　機能的な豊かさは，群集の各種が占める形質値の範囲について定量化したものである．つまり，種によってどの程度のニッチ（生態的地位）が潜在的に占有されているのかを指標とする．群集に含まれる種が増えるほど，機能的な豊かさは増えるため，その指標は基本的に種数と正に相関する．ただし，種数が同じ群集であっても，一方の群集に含まれる種群の形質により偏りがあれば，機能的な豊かさは種群の形質に偏りの少ない群集のほうが高くなる．機能的な豊かさの指標の定量化においては，種の量の情報による重みづけはなされない．

(1) Functional range（群集における種が占める形質値の範囲）

　Functional range（FR_r）は，ある 1 つの形質に着目したとき，ある群集に含まれる種群がとりうる形質の平均値の範囲（最大値から最小値を引いたもの）を，対象とするすべての群集の種群がとりうる形質値の範囲で割った値，

$$FR_r = \frac{\max_{s \in c}(t_s) - \min_{s \in c}(t_s)}{\max_{s \in AC}(t_s) - \min_{s \in AC}(t_s)} \tag{3.9}$$

で表される（Mason $et\ al.$, 2005）．ここで，s は種，c はある群集，AC は調査し

たすべての群集で，t_s は種 s の形質の平均値を表している。ゆえに，FR_r は最大が1，最小が0（群集に含まれる種が1種の場合）となり，着目する形質には依存しない（単位のない値となる）。形質データに質的なデータが含まれる場合は計算できない。対象とする群集が増えると式3.9の分母の値が変わるため，FR_r はあくまで相対的な評価値である。以上のように，FR_r は，形質に関して1次元の指標となる。

(2) Convex hull volume

Convex hull volume（FR_v：Cornwell *et al.*, 2006; Villéger *et al.*, 2008）は，ある群集に含まれる種群がとりうる，N 種類の形質の値が N 次元空間を占有する体積（2種類の形質の場合は2次元となるので，面積）として表される（図

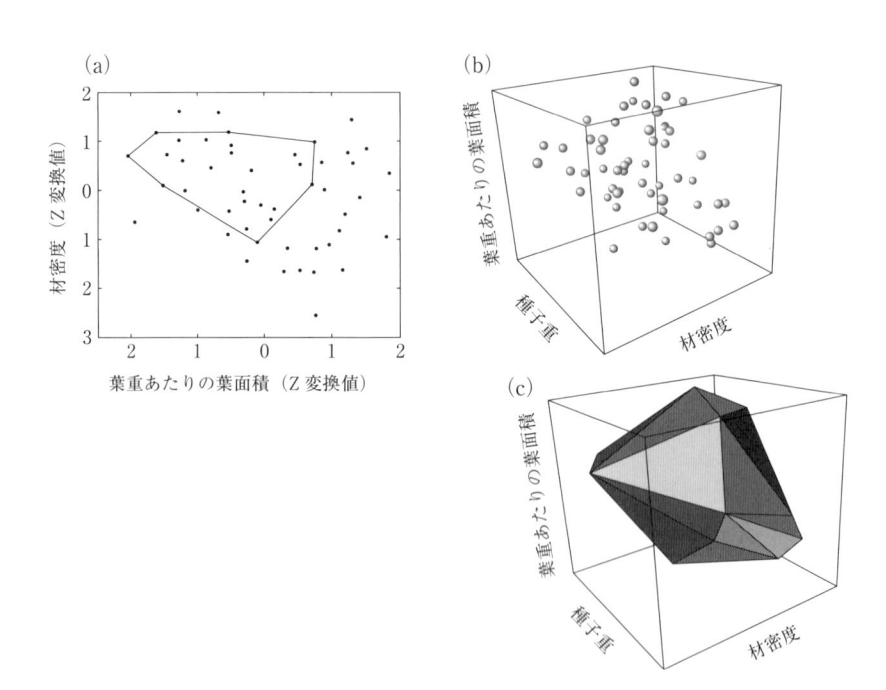

図 3.7 Convex hull の算出の図解
　Convex hull は N 種類の形質の値が N 次元空間を占有する体積で表される。(a) 2つの形質を考慮した場合は面積となる。形質の値は Z 変換（Box 3.2）したものを図示している。(b) さらにもう1つ形質が加わると，種の形質値の分布は3次元空間で表現される。(c) 形質値がこの3次元空間を占有する体積が convex hull である。Cornwell *et al.*（2006）を改変。

3.7)。複雑なコンピュータアルゴリズムによって，群集に含まれる種群のN次元の形質空間における座標をすべて含むように凸面体の頂点が決定され，この凸面体の体積が計算される。データに含まれる種数が形質の種類数より多くなければ，convex hull volume は計算できない。また，形質データに質的なデータが含まれる場合も計算できない。ここでは詳しいアルゴリズムについては複雑であるため省略するが，オリジナルのアルゴリズム（Qhull）が Web 上に公開されている（http://www.qhull.org/，2015年1月5日現在）。

● Box 3.2 ●

機能的多様性の定量化における形質値のスケーリングと形質の選び方

　機能的多様性の定量化に際して，指数によっては計算に先立って種の形質値を標準化する必要がある。これは対象とする形質によって，その値の範囲と分散が異なるからである。形質の単位に依存しない指数（3.3節で紹介の指数では，0～1 の値をとる；FR_r，FE_r，FE_{ve}）の計算においては，変数変換を必要としない。形質値の標準化についての決まりはないが，頻繁に用いられている標準化の方法として，Z 変換が挙げられる。Z 変換は，種の形質値から全種の形質値の平均を引いた値を標準偏差で割るという変数変換で，これにより種の形質値は平均値が 0，標準偏差が 1 となる。この方法のほかに，種の形質値からすべての種の形質値の最小値を引き，形質値がとりうる値の範囲で割るという方法があり，これによって形質値は 0～1 の範囲をとるように標準化できる（range-standardization）。Range-standardization は，種の形質値に極端な外れ値が含まれる場合はデータの構造を歪めてしまうので，外れ値となる種を除去して解析を行うなど，注意が必要である。Z 変換および range-standardization は，対象とする形質がすべて連続値の場合のみに用いることのできる標準化の方法である。形質値に質的なデータが含まれる場合，質的なデータを取り扱える機能的多様性の指数（3.3節で紹介する指数では，FR_d，FE_r，FE_{ve}，FD_{Rao}，FD_{is}）を用いる。このとき，FR_d，FD_{Rao}，FD_{is} の算出においては，Gower の距離（式 3.11）が形質の単位に依存しないため，データの変換は不要である。

　形質のスケーリングの問題とは別に，多次元の機能的多様性の指数の計算に用いる形質の選び方についても注意が必要である。互いに強い相関をもっており，関連する機能が類似する形質を多く用いた場合，その形質が過剰に重視されることになる。逆に，考慮する形質の数が極端に少なく，それらの形質間に相関がない場合は，形質情報の多次元性を適切にとらえられない可能性がある。これらの問題に対応す

るためにはまず，対象とする生態系や研究の目的に応じて，機能的多様性の定量化に重要となる形質をリストアップし，その中からできる限り多くの形質データを取得することが望ましい。この段階で，相関することが自明な形質については計算から除外する（ただし，互いに相関しても，異なる機能に関連すると考えられる形質についてはその限りではない）。それでもなお，形質同士の相関が強い場合は，形質データから Gower の距離行列（式 3.11）を計算し，それを用いた主座標分析（PCoA：2.3 節）で得られた各種の各座標軸上のスコアを新たな形質値として用いる（Weiher, 2011; Laliberte and Legendre, 2010）。原則的に，すべての座標軸のスコアを用いる（形質情報が失われるのを防ぐため）。これによって，相関する形質の軸を直交する座標軸へと変換することができる。もう 1 つの方法は，形質の選び方に依存しない結果が得られるかどうか，すなわち，結果の頑健性を検証することである（Petchey et al., 2007; Sasaki et al., 2009; Sasaki et al., 2014）。たとえば，20 種類の形質を重要な形質として選択した場合に得られる解析結果と，この 20 種類の中から，16 種類，12 種類，8 種類を無作為に選んだ場合（試行を何回か繰り返す）に得られる結果が異なるかどうかを検証する。

(3) Functional dendrogram（デンドログラムに基づく機能的な豊かさ）

Functional dendrogram（FR_d）は，群集に含まれる種の形質値に基づく階層的クラスター分類を行って得られたデンドログラム（樹状図）の枝の長さの総和（Pechey and Gaston, 2002）として求めることができる多次元の指標である

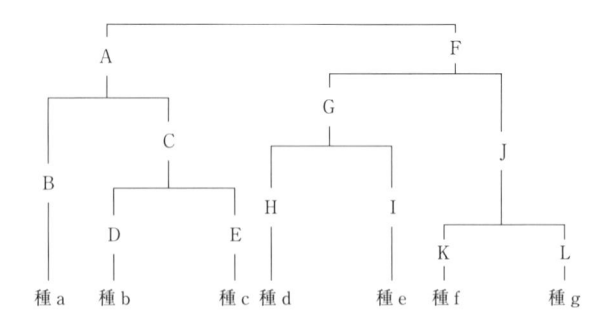

図 3.8 Functional dendrogram（FR_d）の算出の図解
種の形質値に基づいて，階層的クラスター分類を行って得られたデンドログラムの枝の長さの総和が FR_d となる。種 a〜g を含む群集の FR_d は，枝 A〜L までの長さの和である。群集から種 f および g がなくなると，FR_d は枝 A〜I までの長さの和となる。デンドログラムの横軸は，FR_d の算出とは関係しない。

（図 3.8）。FR_d の算出に際して最適な，種間の距離（非類似度）の算出方法および デンドログラム構成の際の分類方法に関して，数多くの議論がなされている (Petchey and Gaston, 2007; Mouchet et al., 2008)。まず距離行列については，ユークリッド距離もしくは Gower 距離を用いることが推奨される（Podani and Schmera 2006; Mouchet et al., 2008; Laliberté and Legendre 2010; Weiher 2011）。種 j と種 k の間の N 種類の形質に関するユークリッド距離（ED_{jk}）は，

$$ED_{jk} = \sqrt{\sum_{i}^{N}(t_{ij}-t_{ik})^2} \qquad (3.10)$$

で得られる。t_{ij}, t_{ik} はそれぞれ種 j，k の形質 i の値である。ユークリッド距離は，形質の値が定量的かつ連続的な場合のみに用いることができる。距離を算出する前に，すべての形質値について 0～1 の範囲をとるように標準化し，考慮する形質の種類数 N で割ると，ED_{jk} は最大値が 1（2 種は全く異なる），最小値が 0（2 種は全く同じ）となる（range-standardized Euclidean distance：Botta-Dukát, 2005）。Gower 距離は，形質のデータの性質（連続データ，二値データ，名義尺度，順序尺度など。また欠損値があっても計算可能）を問わず，N 種類の形質に関する種間の距離を求めることができ，

$$GD_{jk} = \frac{\sum_{i}^{N} w_{ijk} d_{ijk}}{\sum_{i}^{N} w_{ijk}} \qquad (3.11)$$

で得られる（Podani and Schmera, 2006; Mouchet et al., 2008）。W_{ijk} によって欠損値を考慮でき，形質 i のデータが種 j もしくは種 k のどちらか一方でも欠けていた場合，$W_{ijk}=0$ となる。欠損値がない場合は，$W_{ijk}=1$ となる。非類似度 d_{ijk} は，形質データの性質によって定義が異なる。形質 i が二値データとなる場合，種 j と k の形質値が異なっていれば，$d_{ijk}=1$，種 a と b の形質値が同じであれば，$d_{ijk}=0$ となる。名義尺度の場合も，種 j と k の形質値が異なっていれば，$d_{ijk}=1$ となり，同じであれば，$d_{ijk}=0$ となる。定量的かつ連続データの場合は，

$$d_{ijk} = \frac{|t_{ij}-t_{ik}|}{\max(t_i)-\min(t_i)} \qquad (3.12)$$

となり，着目する形質の単位には依存しない（最大が 1，最小が 0）。さらに順序尺度データの場合は，

$$d_{ijk} = \frac{|r_{ij} - r_{ik}|}{\max(r_i) - \min(r_i)} \tag{3.13}$$

となる。この場合も，d_{ijk} は最大が1，最小が0となる。順序尺度の形質データ r_{ij} は，群集内の形質 i についての順位に置き換えられる。たとえば，種 j の形質 i の値が6で，群集において形質 i がとりうる値のうち，昇順で5位となる場合，$r_{ij}=5$ となる。順序に偏りがある場合，その偏りによる影響を除外した d_{ijk} の算出方法も提案されている（数式の詳細は，Podani, 1999 を参照）。たとえば，植物種の開花期のデータは偏りがある場合が多いので（6月や7月に集中する場合など），偏りを考慮した算出方法を用いる必要がある。以上に従って算出された Gower 距離は，0（2種は全く同じ）〜1（2種は全く異なる）の値をとり，さまざまな性質の形質データに柔軟に適用することができる。

FR_d の算出に必要なデンドログラム構成の際の分類方法については，群平均法（unweighted pair group method using arithmetic averages：UPGMA），単連結法（single linkage），完全連結法（complete linkage），ウォード法（Ward）などが挙げられるが（Petchey and Gaston 2002; Podani and Schmera 2006; Mouchet et al., 2008），群平均法が頑健な手法として推奨されており（Podani and Schmera, 2006），最もよく用いられている（分類方法の解説については，2.4節を参照）。得られたデンドログラムの枝の長さの総和が，FR_d となる（図3.8）。

3.3.2 機能的な均等度の指標

機能的な均等度の指標は，各種の形質値が群集に含まれる種群がとりうる形質値の範囲内で，どのくらい均等に分布しているかを定量化したものである。さらに種がもつ量の情報も考慮されるため，各種の形質値が均等に分布し，かつ各種の量がすべて等しいとき，機能的な均等度は最も大きな値をとる。機能的な均等度は，種数には必ずしも比例しない。均等度が高いほど，ニッチが相補的に占有され，資源が効率的に利用されており，生態系の機能性が高いことを示唆する。

(1) Functional regularity index（機能的な規則性の指標）

Functional regularity index（FE_r: Mouillot *et al.*, 2005）はある形質 t に着目したとき，

$$\text{FE}_r = \sum_{j=1}^{S-1} \min\left[\frac{|t_{j+1}-t_j|/(A_{j+1}+A_j)}{\sum_{j=1}^{S-1}|t_{j+1}-t_j|/(A_{j+1}+A_j)}, \frac{1}{S-1}\right] \quad (3.14)$$

で求められる。FE_r は，形質に関して1次元の指標である。ここで，S は群集に含まれる種数，t_j および A_j はそれぞれ，種 j の形質値および量を表す。計算にあたって，種は形質値によって昇順に並び替えられ，j 番目の種 j の形質値が t_j となる。ゆえに FE_r は，すべての種間の形質値の差が，群集に含まれる種群がとりうる形質値の範囲の $1/(S-1)$ となり，かつすべての種の量が等しい場合に最大値1をとる。種の量によって重みづけされた種 j と種 $j+1$ の間の形質値の違いが，群集がとりうる重みづけされた形質値の範囲の $1/(S-1)$ より小さくなると，FE_r の値はさらに小さくなる。以上のように，FE_r は種の形質値および量の分布が，均等な分布からどの程度かけ離れているかを測る指標であり，値が大きいほど機能的な均等度が高いことを表している。

なお，形質値が名義尺度の場合は，

$$\text{FE}_r = \sum_{l=1}^{L} \min\left(\frac{A_l}{A}, \frac{1}{L}\right) \quad (3.15)$$

で求められる。A_l はある形質のカテゴリー l（たとえば，花の色など）に属する種群の量，A は群集全体の量である。L は形質のカテゴリーの数である。

(2) Functional evenness index（機能的な均等度の指標）

Functional evenness index（FE_{ve}: Villeger *et al.*, 2008）は，前述の FE_r をベースとして多次元に拡張した指標で，

$$\text{FE}_{ve} = \frac{\sum_{b=1}^{S-1} \min\left[\frac{\text{dist}(j,k)/(p_j+p_k)}{\sum_{b=1}^{S-1}\text{dist}(j,k)/(p_j+p_k)}, \frac{1}{S-1}\right] - \frac{1}{S-1}}{1-\frac{1}{S-1}} \quad (3.16)$$

で求められる。$\text{dist}(j,k)$ は，最小全域木（minimum spanning tree）における形質に関する種 j と種 k の距離（3.3.1項），p_j および p_k は，種 j および種 k の

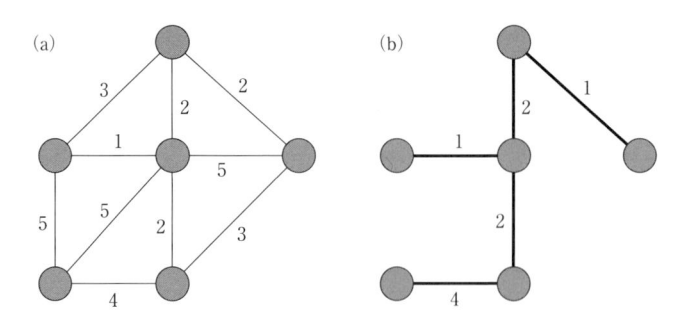

図 3.9 最小全域木（minimum spanning tree）の図解
灰色の丸は種を表し，N 次元の形質空間における種の配置を簡略的に 2 次元で表現している。そのため，種同士を連結している辺の長さ（ユークリッド距離や Gower 距離で求められる）は 2 次元平面上の長さとは一致していない。(a) N 次元の形質空間においてすべての種を連結するグラフ，(b) すべての種を結ぶ，連結グラフの部分グラフ（全域木）のうち，辺長の和が最小となる木を最小全域木と呼ぶ。

群集における相対優占度を表す。b は最小全域木における枝を表す。S は群集に含まれる種数で，枝の総数は $S-1$ 本となる。距離の計算に Gower 距離を用いることで，形質データに質的データが入っていても計算することができる。ここでの最小全域木（図 3.9）は，群集に含まれる種群の N 次元の形質空間におけるすべての座標を含む木で，辺の長さの和が最小のもの（1 次元の場合は，群集の種群がとりうる形質値の範囲となる）を指す。FE_{ve} は群集の種数には依存しない。最小全域木におけるすべての種間の距離が等しいとき，FE_{ve} は最大値 1 をとる。

3.3.3 機能的な多様度の指標

　機能的な多様度の指標は，各種がとりうる形質値にどの程度の変動があり，それらにどの程度の偏りがあるかを定量化したものである。つまり，形質の多次元空間の両端に種の配置，またはそれらの種がもつ量（あるいは両方）が偏っているほど，機能的な多様度は高くなる。機能的な均等度と同様，種数には必ずしも比例しない。機能的な多様度は，生態系の機能性や環境変化に対する脆弱性，群集において機能的に特異な種がどの程度優占しているかについての指標となる。

(1) Rao's quadratic entropy（Rao の指数を用いた機能的な多様度）

Rao's quadratic entropy（FD_{rao}: Rao, 1982; Botta-Dukat, 2005; Ricotta, 2005）は，機能的多様度の指標の中で最も頻繁に用いられている指標である。FD_{rao} は，群集におけるすべての種のペア間の距離（3.3.1 項）を，ペアとなる種の量で重みづけし，

$$FD_{Rao} = \sum_{j=1}^{S} \sum_{k=1}^{S} d_{jk} p_j p_k \qquad (3.17)$$

で求める。この指標は，群集から無作為に復元抽出した 2 個体間の形質の非類似度の期待値を表している（Ricotta and Moretti, 2011）。種が完全に異なる（つまり，種の多様性の定量化における前提）とき，d_{jk} がすべて 1 となり（3.3.1 項），FD_{Rao} は単に群集から無作為に復元抽出した 2 個体が異なる種となる確率を表すため，Simpson の多様度（$1-D$: 式 3.4）に等しくなる。すなわち，FD_{Rao} は Simpson の多様度を一般化した指数であるといえる。この値は，群集における相対優占度の高い種（$p_j p_k$ がより大きくなる）が他種と大きく異なる形質をもつ（d_{jk} がより大きくなる）とき，大きな値をとる。複数の形質を考慮できる機能的多様度の多次元指標（式 3.17 のとおり，一次元でも適用可能）で，種間の距離計算に Gower 距離を用いることにより，さまざまな性質の形質データに適用できる。

(2) Functional dispersion index（機能的な分散度の指標）

Functional dispersion index（FD_{is}：Laliberté and Legendre, 2010）は，N 次元の形質空間における全種の座標の重心と各種の座標までの距離の平均値を，各種の量で重みづけした指標である（図 3.10）。そのため，FD_{Rao} と概念的には類似しており，強く相関することが指摘されている（Laliberté and Legendre, 2010）。FD_{is} は次のようにして計算できる。まず，種の量で重みづけした全種の座標の重心のベクトル c は，

$$c = [c_i] = \frac{\sum_{j=1}^{S} A_j t_{ji}}{\sum_{j=1}^{S} A_j} \qquad (3.18)$$

で求められる。ここで，A_j は種 j の量，t_{ji} は種 j の形質 i の値，S は群集に含まれる種数である。つまり，式 3.18 は形質値が連続的であることが前提とな

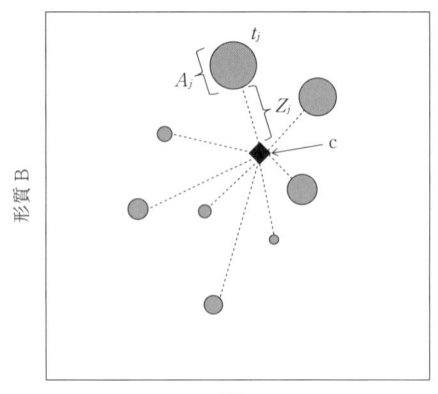

図 3.10 機能的な分散度（functional dispersion：FD$_{is}$）の算出式の構成要素の図解
簡略化のため，2次元で表現している。t_j は種 j の形質空間における座標，A_j は種 j の量，c は各種の量で重みづけした全種の座標の重心のベクトル，Z_j は種 j の重心までの距離である。図中の丸の大小は，種の量の大小を表す。算出式は本文を参照。Laliberté and Legendre（2010）を改変。

っている。そのため，形質データに質的なデータ（名義尺度や順序尺度など）が含まれる場合は，形質データから Gower の距離行列（式 3.11）を計算し，その距離行列を用いた主座標分析（PCoA：2.3 節参照）から得られた各種の各座標軸上のスコアを新たな形質値として用いる（この手法についての詳細な解説は，Laliberté and Legendre, 2010 を参照）。種 j の重心までの距離を Z_j としたとき，FD$_{is}$ は，

$$\mathrm{FD}_{is} = \frac{\sum_{j=1}^{S} A_j Z_j}{\sum_{j=1}^{S} A_j} \tag{3.19}$$

で求められる。FD$_{is}$ も，重心から離れた（つまり，形質が他種と比べて特異な）種の量が大きいとき，大きな値をとる。FD$_{Rao}$ と同様に，複数の形質を考慮できる機能的な多様度の多次元指標（一次元でも適用可能）であり，さまざまな性質の形質データに適用できる。

3.3.4 機能的多様性に関する研究例

撹乱による種の多様性への影響だけでなく，機能的多様性への影響もあわせて検証することで，撹乱によって生態系およびその機能性がどう改変されるか

を理解することができる。Baraloto et al. (2012) は，フランス領ギアナの熱帯低地雨林における択伐が種の多様性および機能的多様性に与える影響を調べた。種の多様性は種数および種の均等度指数（Shannonの均等度），機能的多様性はFR$_v$（convex hull volume）およびFE$_{ve}$（機能的な均等度の指数）により定量化した。結果，種数およびFR$_v$は，択伐で生じた林冠ギャップと伐採の影響を受けていないハビタット（生育場所）の群集では違いが見られなかった（図3.11a）。一方，種の均等度およびFE$_{ve}$は，林冠ギャップの群集で高くなった（図3.11b）。とくに，FE$_{ve}$は伐採の影響を受けていないハビタットで顕著に低くなった。これらの結果は，撹乱の生態系への影響を，種の多様性だけでなく機能的多様性も通して検証することの重要性を示唆している。択伐林における生物多様性および生態系の機能性の維持には，適切な択伐と伐採強度の管理（reduced impact logging：RIL）が必要不可欠であると考えられる。

　生物種の減少による生態系の機能性や存続性の変化を予測することで，生態系の脆弱性を評価することが可能である。図3.6で示したように，環境変化にともなう種の消失によって機能的多様性が減少しにくい群集は，脆弱性が相対的に低く，減少しやすい群集は，脆弱性が相対的に高いと考えることができる。Sasaki et al. (2014) は，青森県八甲田山系に分布する多数の高層湿原を対象に，湿原植物群集の種組成のデータと出現種の形質データ（葉の高さ，葉のフェノロジー，開花期，散布形式，花粉媒介形式など湿原植物群集の機能，繁殖や生存を左右する重要な14種類の形質）を収集した。種の空間分布パターンから推測される種の消失シナリオ（Sasaki et al., 2012）をシミュレーションすることにより，将来的に起こりうる種の消失が，湿原植物群集の機能的多様性（FR$_d$およびFD$_{Rao}$による定量化）に与える影響を予測した。結果，FR$_d$はどの湿原サイトにおいても，種の消失に比例して機能的多様性が減少した（図3.12：Sasaki et al., 2014の結果の一部）。この結果は，機能的な豊かさの指数（3.3.1項）であるFR$_d$が種数と強く相関するためであると考えられる。シミュレーションによるFD$_{Rao}$の変化パターンは湿原サイトによって大きく異なり，パターンは2種類に大別された（図3.13：Sasaki et al., 2014の結果の一部）。湿原サイトAでは，ある一定の種数の減少までFD$_{Rao}$が減少しなかった。一方，湿原サイトBでは種の消失に比例してFD$_{Rao}$が減少した。この対照的な結果は，種

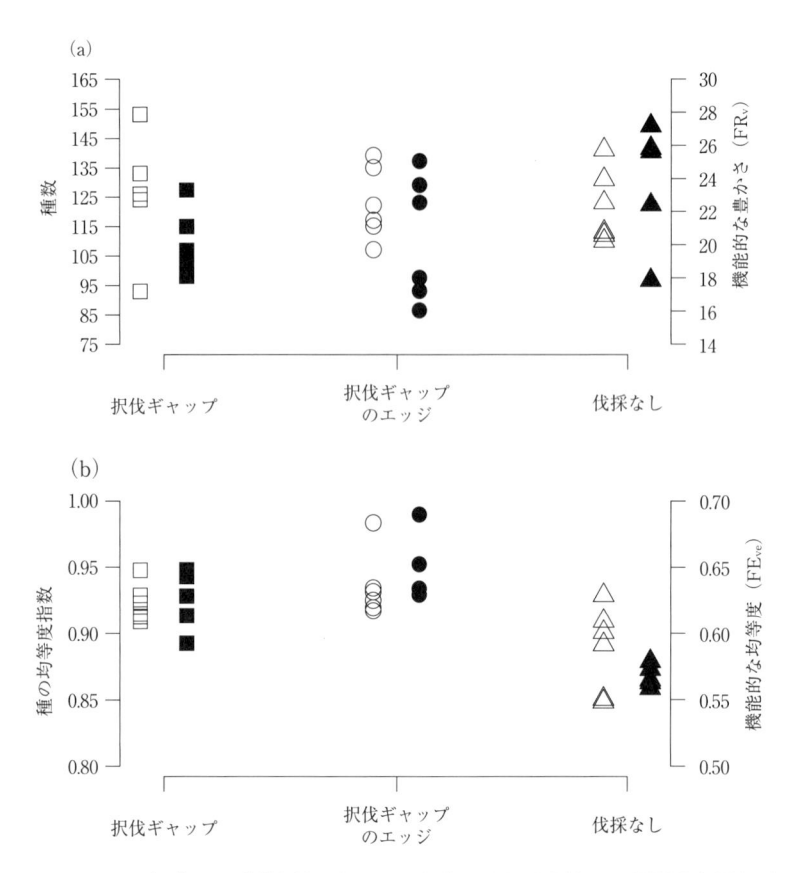

図 3.11 フランス領ギアナの熱帯低地雨林における択伐が，種の多様性および機能的多様性に与える影響を検証した結果

択伐で生じた林冠ギャップおよびそのエッジ（辺縁部）と伐採の影響を受けていないハビタット（生育場所）間での比較．(a) 種数（白抜きのシンボル）と機能的な豊かさ（塗りつぶしのシンボル）の違い，(b) 種の均等度指数（白抜き）と機能的な均等度（塗りつぶし）の違い．Baraloto et al. (2012) を改変．

の消失による生態系の機能性への影響が，群集における種の形質および種がもつ量の種間差に左右されることを示唆している．湿原サイト A のようなパターンが見られるサイトでは，将来的な環境変化に対する湿原の脆弱性が相対的に低く，一方，湿原サイト B のようなパターンが見られるサイトでは湿原の脆弱性が相対的に高いことが，機能的多様性の観点から評価できる．

生物多様性と生態系機能の関係の研究においても，機能的多様性を用いた研

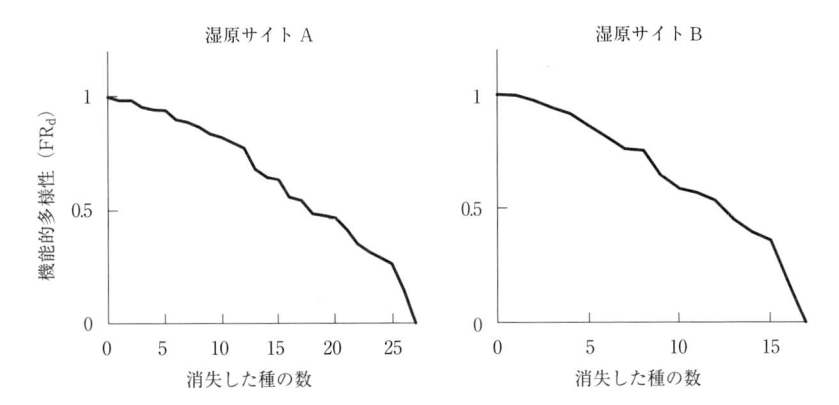

図 3.12 青森県八甲田山系の湿原植物群集における種の消失シミュレーションによる機能的多様性（FR_d）の変化
Sasaki *et al.* (2014) の結果を一部抜粋，改変。

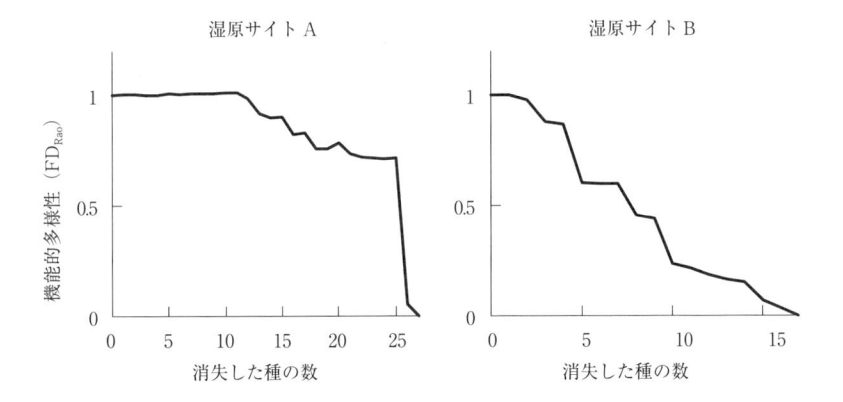

図 3.13 青森県八甲田山系の湿原植物群集における種の消失シミュレーションによる機能的多様性（FD_{Rao}）の変化
湿原サイト A および B は図 3.12 の湿原サイト A および B に一致。Sasaki *et al.* (2014) の結果を一部抜粋，改変。

究が増えつつある．3.2.3 項でも言及したように，これらの研究では一般に，機能的多様性は生態系機能を説明する変数となる．Weigelt *et al.* (2008) は，ドイツのイェーナで実験的に作り出された草本群集（播種によって種数および機能群の数のレベルを操作した）を用いて，種数，機能群の数，そして機能的多様性（FD_{Rao}）と地上部生産量の空間的安定性（変動係数で表す）との関係を検証した．種数および機能群の数と生産量の安定性の間には関係性が見られなか

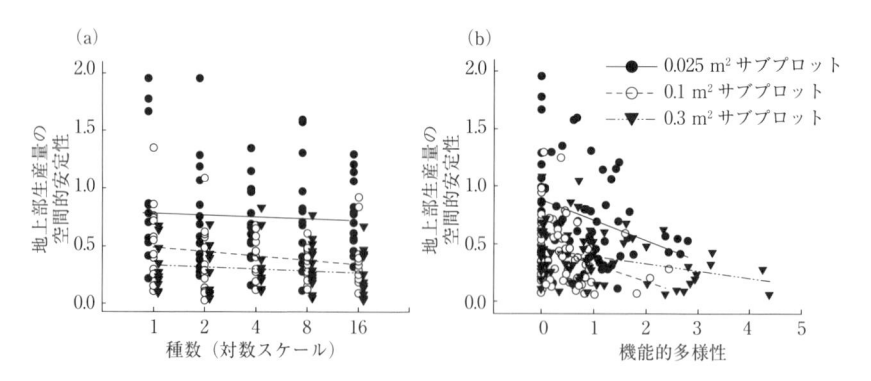

図3.14 ドイツのイェーナの草原実験サイトにおける多様性（種数と機能群の数を播種によって操作）と地上部生産量の空間的安定性の関係
　　　空間的安定性は変動係数で算出しているので，値が高いほど安定性が低い。(a) 種数と生産量の空間的安定性の関係，(b) 機能的多様性（Raoの指数で算出）と生産量の空間的安定性の関係。生産量の空間的安定性は種数によらなかった。一方，機能的多様性が高いほど空間的なニッチ相補性がはたらき，生産量の空間的安定性は高くなった。いずれの結果も，解析対象とするサブプロットの大きさには依存しなかった。Weigelt et al.（2008）を改変。

ったが，機能的多様性と生産量の安定性の間には正の相関関係（変動係数が大きくなるほど安定性が低いため，グラフの回帰直線の傾きは負になる）が見られた（図3.14）。つまりこの結果は，群集における機能的多様性も，生態系機能の安定性に貢献しうる重要な生物多様性の要素の1つであることを示唆している。

● Box 3.3 ●
個体間の形質の違いを考慮した機能的多様性の定量化

　3.3節で紹介した機能的多様性の指数は，各種形質の平均値または各種の量による重みづけがされた，形質の平均値を基本としている。しかし，各種の個体の形質は，環境傾度に沿った局所適応や表現型の可塑性（phenotypic plasticity），同種ならびに異種個体間の相互作用などによって，多かれ少なかれ変動する。種内の形質の変異（intraspecific trait variability）が種間の形質の変異（interspecific trait variability）に比べて無視できないほど大きい場合，種内の形質変異を考慮した機能的多様性の定量化は，群集および生態系の機能性における，種内の形質変異の役割を考える上で重要である（de Bello et al., 2011; Albert et al., 2012）。つまり，2つの調査地点における種組成および各種の量の分布が同じであっても，各地

点における種内の形質変異の程度が違えば，群集全体の正味の機能的多様性は異なる可能性がある．個体間の形質の違いを考慮した群集全体の機能的多様性は，種内の形質の多様性と種間の形質の多様性に分解することができる．この群集全体の機能的多様性は，Rao's quadratic entropy（FD_{Rao}：3.3.3項）をベースとすると，

$$\sum_{a=1}^{N_{ind}}\sum_{b=1}^{N_{ind}}P_aP_b\frac{d_{ab}^2}{2} - \sum_{j=1}^{N_{sp}}\sum_{k=1}^{N_{sp}}p_jp_k\frac{d_{jk}^2}{2} + \sum_{j=1}^{N_{sp}}p_j\sum_{a_j=1}^{N_{ind_j}}\sum_{b_j=1}^{N_{ind_j}}\frac{1}{N_{ind_j}}\frac{1}{N_{ind_j}}\frac{d_{abj}^2}{2}$$

で表すことができる（de Bello *et al.*, 2011）．左辺の N_{ind} は群集に含まれるすべての個体数，P_a および P_b はそれぞれ個体 a および b が属する種の相対優占度，d_{ab} は個体 a と b の間の形質の非類似度を表している．つまり，すべての個体のペア間の非類似度を，それぞれの個体が属する種の相対優占度で重みづけした値となる．右辺第1項の N_{sp} は群集に含まれる種数，p_j および p_k はそれぞれ種 j および k の相対優占度，d_{jk} は種 j と k 間の形質の非類似度である．右辺第2項の N_{indj} はサンプルされた種 j の個体数，d_{abj} は種 j の個体 a と b の間の形質の非類似度である．つまり，上記の式，右辺の第1項は種間の形質の多様性，第2項は種内の形質の多様性を表している．

ある一定の広い空間スケールにおける植物群集を対象とする場合，群集間の種組成の違い（すなわち，β 多様性）が大きくなるため，種間の形質変異が種内の形質変異よりも大きくなることのほうが多い（Albert *et al.*, 2011）．また，対象とする群集に含まれる種が多くなるほど，野外において個体ベースで形質のデータを収集するのに必要な労力は大きくなる．しかし，Albert *et al.* (2011) で指摘されているように，とりわけ群集集合（community assembly）のパターンおよびプロセス，形質やニッチの進化などの理解においては，種内の形質変異を考慮することが望ましいと考えられる．上に挙げた以外にも，種内の形質変異を含めて考慮した機能的多様性の指数が提案されている．詳細は，該当する関連文献（たとえば，Cianciaruso *et al.*, 2009, Schleuter *et al.*, 2010 など）を参照されたい．

3.4 種の系統情報を考慮した多様性の定量化

系統的多様性（phylogenetic diversity）は，種間の進化的な関係，すなわち系統情報を考慮した多様性の指標である．前節の機能的多様性が，種の違いを形質の違いに基づいて表現するのに対して，系統的多様性は種の違いを系統的な違いに基づいて表現する．生物の系統関係を祖先から枝分かれするように樹木

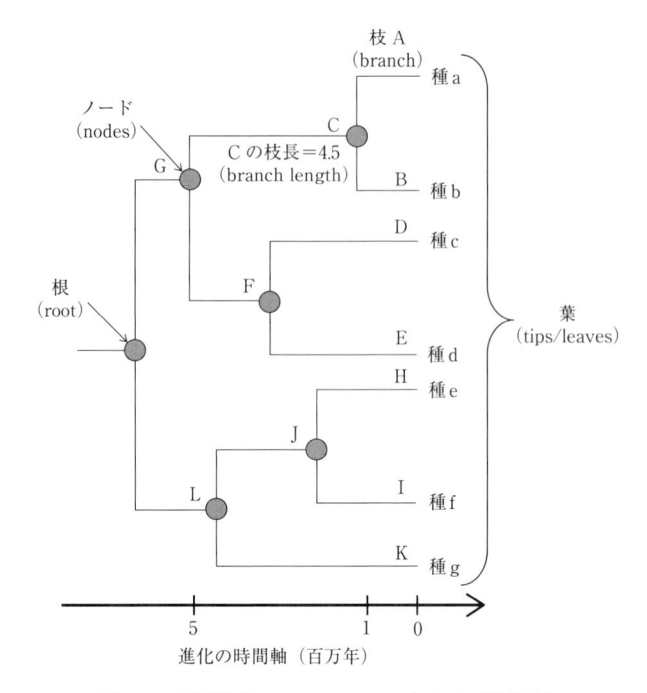

図3.15 系統樹（phylogenetic tree）とその構成要素

状に表現したものを系統樹（phylogenetic tree）と呼んでいる（図3.15）。系統樹は，葉（leaves あるいは tips），枝（branches）およびその長さ（branch length），ノード（nodes），根（root）から構成される。系統樹の末端である葉に，それぞれの種が配置される。ある2種に着目したとき，それぞれの種から縦に伸びる枝がはじめに連結したところまでの長さ（多くの場合，100万年単位での年代で表される）の合計が種間の系統的距離である（図3.15の系統樹の縦軸は距離に関係しない）。従来，系統樹の作成には生物の形態に基づく形態学的手法，化石記録などを用いた古生物学的手法などが用いられてきた。DNAの解析技術が発達した現在は，分子生物学的手法が頻繁に用いられており，DNAの塩基配列データをもとに分子系統樹（molecular phylogeny あるいは molecular phylogenetic tree）を構成することができる。詳細な系統樹の作成方法については，Felsenstein（2004）を参照されたい。

系統的多様性は主に，生物多様性の保全上の価値を群集あるいは種に割り当

てるという目的と，群集集合（community assembly）のパターンの背景にあるメカニズムを理解する目的で取り扱われてきた。たとえば前者は，従来の種数ではなく，系統的多様性の評価によって保全を優先すべき群集（あるいは地域）を特定しようという試みである（Forest *et al.*, 2007）。後者は，群集が何らかの環境条件によって制限されていて，系統的に近縁な種がその環境条件に対して耐性をもつようなとき，群集における種群には系統的な偏りが見られるのではないかといった仮説の検証を行う（Mayfield and Levine, 2010）。系統的多様性も機能的多様性と同様に，さまざまな指標が開発されている。以下，代表的な指標に焦点をあて，それぞれについて解説する。

3.4.1 系統的多様性の指標

系統的な多様性の算出に必要な情報は，対象とする植物群集の種組成と群集に含まれる種に関する系統情報である。系統的多様性の指標は，算出するための数式やその背景にある概念というよりは，系統情報から得られるパラメータのどれを使うかという点で異なる。系統樹における枝の長さの一部が定量的に得られていない場合は，系統樹における枝の長さをすべて1として系統的距離を抽出するか（node-based tree），系統情報が揃っている種に絞って系統的距離を抽出し，系統的多様性を定量化する。

(1) Faith's PD（系統樹の枝長の総和）

Faith's PD（Faith, 1992）は，FD_d（3.3.1 項）の定量化手順のもととなった系統的多様性の指標で，系統樹の枝の長さを合計し，

$$\text{Faith's PD} = \sum_{b=1}^{B} L_b \tag{3.20}$$

で求められる。L_b は枝 b の枝の長さ，B は系統樹の枝の数である。さらに，枝 b に関連する種または種群の量の平均値 A_b で重みづけすると，

$$\text{Faith's PD(abundance weighted)} = B \times \frac{\sum_{b=1}^{B} L_b A_b}{\sum_{b=1}^{B} A_b} \tag{3.21}$$

となり，量を考慮した Faith's PD が求めることができる（Barker, 2002）。群集に新たな種が加わると系統樹が大きくなるため，この指標は基本的に種数と正

に相関する。ただし，異なる群集間の比較の場合，種数が同じであっても，一方の群集に含まれる種群の系統が偏っていれば，偏りのない群集のほうが値が高くなる。

(2) Mean phylogenetic distance（種間の系統的距離の平均値）

Mean phylogenetic distance（MPD）は，Rao's quadratic entropy（FD_{Rao}）と同様の指標である（Rao, 1982）。MPD は，群集におけるすべての種のペア間の系統的距離（図 3.15）をペアとなる種の量で重みづけし，

$$\mathrm{MPD} = \sum_{j=1}^{S}\sum_{k=1}^{S} d_{jk} p_j p_k \quad (3.22)$$

で表される。ここで，d_{jk} は種 j と k 間の系統的距離，p_j および p_k は種 j および k の相対優占度である。つまりこの指標は，群集から無作為に復元抽出した 2 個体間の系統的距離の期待値を表している。$d_{jk}=1$ のとき，式 3.22 は Simpson の多様度指数（$1-D$：式 3.4）に等しくなることは 3.3.3 項で述べた。すなわち，Rao's quadratic entropy を用いることで，種の多様性，機能的多様性，系統的多様性といった生物多様性の 3 つの異なる側面を統一的に定量化することができる（Devictor *et al.*, 2010）。この値は，群集における相対優占度の高い種（$p_j p_k$ がより大きくなる）が他種と系統的に遠縁である（d_{jk} がより大きくなる）とき，大きな値をとる。種の量の情報がない（すべての種の量が等しい）場合も計算が可能である。

(3) Mean nearest neighbor distance（各種とその最も近縁な種の系統的距離の平均値）

上記 2 つの系統的多様性の指標が系統樹全体に着目する指標であったのに対し，mean nearest neighbor distance（MNND：Webb, 2000）は系統樹の末端の情報に着目した指標で，各種とその最も近縁な種との系統的距離の平均値で表される。種の量も考慮に入れると，

$$\mathrm{MNND}(\text{abundance weighted}) = \sum_{j=1}^{S} \min(d_{jk}) p_j \quad (3.23)$$

で表される。$\min(d_{jk})$ は，種 j とその最も近縁な種との系統的距離，p_j は種 j の相対優占度である。MNND の値が小さいほど，系統的に近縁な種が多く群

集に存在することを示唆している。

3.4.2 系統的多様性に関する研究例

　従来の生物多様性保全において，保全すべき対象の優先度を考える材料となるのは種の多様性の評価であった。しかし，近年の生物多様性に関する定量化手法の発展によって，保全の優先順位づけをする際には生物多様性を多角的に評価することが肝要であるというコンセンサスができつつある。Forest *et al.* (2007) は，南アフリカ共和国のケープにおける植生を対象に，種の多様性と系統的多様性の空間分布（およそ 25 km×27 km のグリッドをベースとした）を調査した。分類学上の多様性（taxonomic diversity）として含まれる属の数を系統的多様性として，Faith's PD を用いた。結果，属の数の空間分布パターンは系統的多様性のパターンと非常によく合致しており，東部よりも西部のほうが属の数も系統的多様性も高い傾向にあることがわかった（図 3.16a，口絵 2a および図 3.16b，口絵 2b）。しかし，属に対する系統的多様性の回帰（局所回帰モデルによる）の残差の空間分布を見ると，負の残差となるグリッドが西部に集中している一方，正の残差となるグリッドが東部に集中していた（図 3.16c，

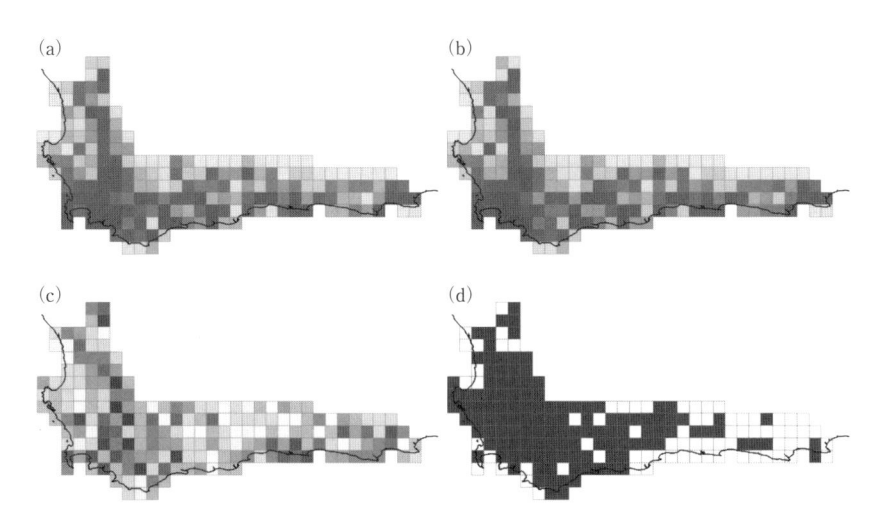

図 3.16　南アフリカ共和国のケープにおける植生を対象に，種の多様性と系統的多様性の空間分布（およそ 25 km×27 km のグリッドをベースとした）を調査した結果　→口絵 2

口絵 2c)。また，ケープ全体に含まれる属の中から無作為に各グリッドに含まれる属の数と同数抽出し，各グリッドにおける系統的多様性の期待値を求めた。すると，系統的多様性の期待値よりも実測値の低いグリッドが西部に偏っていた（図 3.16d，口絵 2d）。このことは，西部の植物相には近縁の属が相対的に多く含まれていることを示唆しており，逆に東部は属の数が西部より少ない割には系統的に多様であり，近縁の属は相対的に少ないことを示唆している。この結果からは，最近になって種分化が進んだと考えられる西部の植物相が保全の対象にならないとは必ずしもいえないが，系統進化の歴史から生まれた多様性を保全するという基準においては，東部の植物相を優先的に保全することが望ましいと考えられる。

系統的多様性に着目することで，群集集合のパターンとそのメカニズムを推定することができる。Cadotte *et al.* (2010) は，アメリカカリフォルニア州の草本植物が優占する複数のサイトで植生調査を行い，群集における外来種群と在来種群の系統構造の違いを検証した。系統的多様性として，種の量による重みづけなしの Faith's PD, MNND, MPD を用いた。在来種群も外来種群も種群の種数が増えるにつれて，系統的多様性（Faith's PD）は増加した。しかし，外来種群の系統的多様性は，それぞれの種数レベルで，すべてのサイトの外来種群（外来種のプール）から無作為に選ばれた種群の系統的多様性の期待値よりも低い値をとる傾向にあった（図 3.17a）。一方，在来種群の系統的多様性は，概して期待値と差がなく，一定の種数レベル以上ではむしろ期待値より高い値をとる傾向にあった（図 3.17b）。MNND および MPD でも同様の傾向が見られ，とくに外来種群の MNND および MPD は低い種数レベルにおいて，期待値より大きくかけ離れることがわかった。つまり，局所での外来種群は系統的により近縁な種が集まって構成されているのに対し，在来種群は系統的により多様な種から構成されていることが示唆される。調査した複数のサイト全体の系統的多様性を，調査プロットスケール（α 多様性：PD_α），調査プロット間スケール（β 多様性：PD_β），サイト全体のスケール（γ 多様性：PD_γ）に加法分割（3.5.1 項）すると，外来種群の PD_γ に対する PD_β の割合は PD_α の割合と大きく変わらなかったが，在来種群の PD_γ に対する PD_β の割合は PD_α の割合を大きく上回った（図 3.18）。外来種群の α 多様性の高さは，侵入成功しやすい外

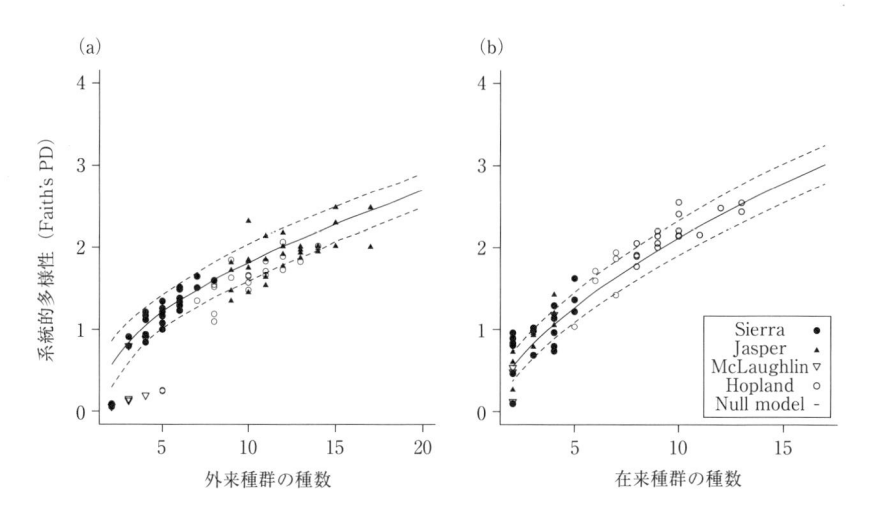

図 3.17 アメリカカリフォルニア州の草本群集における外来種群と在来種群の系統的多様性 (Faith's PD) を調べた結果
(a) 外来種群の種数と Faith's PD の関係,(b) 在来種群の種数と Faith's PD の関係。シンボルの違いはサイトの違いを表す。図中の実線は,それぞれの種数レベルで,すべてのサイトの外来種群(あるいは在来種群)から無作為に選ばれた種群の系統的多様性の期待値の平均値を表す。点線はその 95% 信頼区間。Cadotte et al. (2010) を改変。

来種のクレード(共通の祖先をもつ種群)の分布が広がっている可能性を示唆している。一方在来種群は,広い空間スケール(サイト全体のスケール)での環境フィルタリング(局所的な環境要因による生物種の定着や成長への制限)の影響によって,系統的な置き換わりが大きく表れたと考えられる。以上のように,在来種群と外来種群の群集集合のパターンは,これらの種群の進化的な歴史を反映していると考えられる。将来的に外来種の侵入が進めば,地域全体の植物群集における系統的な等質化(phylogenetic homogenization)につながるおそれがある。

　生物多様性と生態系機能の関係の研究においても,系統的多様性の指標としての有効性が指摘されている。Flynn et al. (2011) は,草原・草地における 29 の生物多様性実験のデータを対象に解析を行い,系統的多様性および機能的多様性の地上部バイオマスへの効果を検証している。機能的多様性の定量化には FD_d (3.3.1 項) を,系統的多様性には Faith's PD を用いた。結果,系統的多様性および機能的多様性の地上部バイオマスへの効果は強く表れなかったが,い

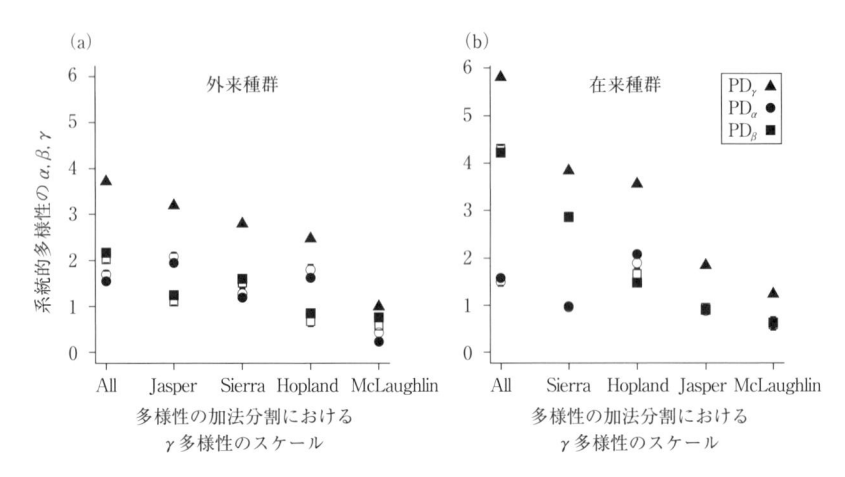

図 3.18 アメリカカリフォルニア州の草本群集における外来種群と在来種群の系統的多様性の加法分割の結果

調査した複数のサイト全体 (All), またはそれぞれのサイト (Sierra, Hopland, Jasper, McLaughlin) における系統的多様性を, 調査プロットスケール (α 多様性: PD_α), 調査プロット間スケール (β 多様性: PD_β), サイト全体のスケール (γ 多様性: PD_γ) に加法分割 (3.5.1 項) した。黒塗りのシンボルは実測値を, 白抜きのシンボルは加法分割の対象となるそれぞれの γ 多様性のスケールにおける系統的多様性の α および β の期待値の平均値を表す。Cadotte *et al.* (2010) を改変。

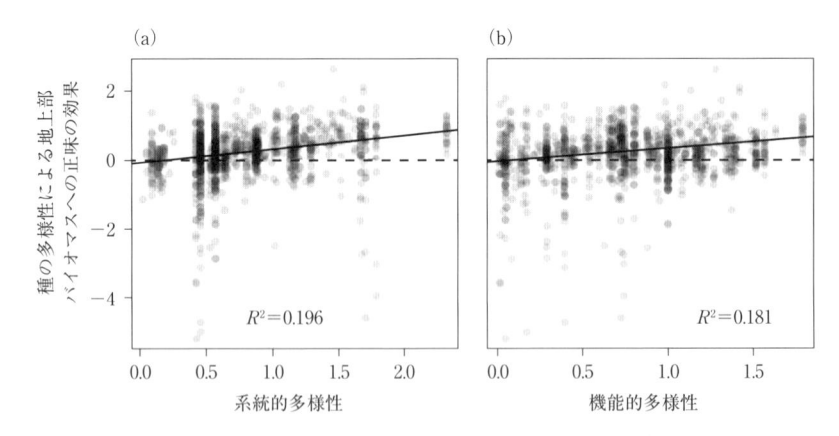

図 3.19 系統的多様性 (a) および機能的多様性 (b) の増加にともなう, 種の多様性による地上部バイオマスへの正味の効果の増加

29 の草原・草地における生物多様性実験のデータを用いた結果。Flynn *et al.* (2011) を改変。

ずれも同様に生態系機能を説明する有効な指標であることが示された（図3.19）。とくに，野外での測定しきれなかった形質（あるいは重要だが，測定が困難な形質）の種間差が系統的多様性によってとらえられている場合，機能的多様性よりも系統的多様性のほうが生態系機能を説明する有効な指標となる可能性がある（Cadotte *et al.*, 2011）。種の多様性，機能的多様性，系統的多様性といった多様性の指標を包括的に用いることによって，生物多様性の消失による生態系機能への影響をより深く理解することができるのではないかと考えられる。

3.5 多様性の空間スケール

　対象とする群集の空間スケールが大きくなるにつれて，群集に含まれる種は多くなる。この種数と面積の関係は，種の絶滅と移入に関する生態学や生物地理学の古典的課題の1つであり，これまでに数多くの研究がなされてきた。種数と面積の関係から導かれるように，一般に種の多様性は空間スケールに依存するため，小面積で見たときに多様性が高かった群集が大面積で見たときにも多様性が高くなるとは限らない。たとえば，一定の小面積で見たときには乾燥草原のほうが熱帯雨林より種数が多くなったとしても，一定の大面積で見ると熱帯雨林のほうが乾燥草原よりも種数が多くなるといった場合である。この多様性の空間スケール依存性を理解するために重要な概念が，α, β, γ 多様性である。一般に，最小の調査単位（コドラートなど）の多様性を α 多様性，対象とする地域全体の多様性を γ 多様性，調査コドラート間や調査サイト間などの種組成の違いから生じる多様性を β 多様性と呼んでいる。とくに，β 多様性は種の空間分布のパターンを反映しており，そのパターンの背景には何らかの生態的なプロセス（絶滅や移入，競争排除，促進作用など）がはたらいている。昨今の解析技術の発達によって，多様性の空間要素（α, β, γ 多様性）の評価や，種の空間分布のパターンとその背景にある生態学的メカニズムの検証といった研究が大きく進展している。本節では，多様性の空間要素，種数—面積関係，多様性の空間パターンにかかわる解析手法について，事例を交えながら解説する。

3.5.1 多様性の空間要素（α, β, γ 多様性）

植物群集における種の多様性の定量化を通して，地域や群集間の多様性の比較や，多様性に影響を与える環境要因の検証が古くから行われてきた．植物の種多様性は空間スケールに依存して成立しており，群集によっては，小面積の調査において収集した種の多様性が，必ずしも大面積における種の多様性を表しているとは限らない．近年，生物多様性保全が議論の中心となりつつある中で，空間スケールを考慮した多様性評価や保全計画が求められる（1.4節参照）．本項では，多様性指標のうち「種数」を用いて空間スケールを考える上で重要な概念である α, β, γ 多様性について考えていきたい．

植物種数は，地域や環境で大きく異なることが経験的に知られている．アルゼンチンの草原では，1 m 四方の調査区の中に 89 種もの植物（Cantero et al., 1999），コスタリカの森林では 10 m 四方の調査区の中に 233 種もの種が生育する環境が存在する（Whitmore et al., 1985）．兵庫県南東部の棚田畦畔に成立する半自然草地（5.4節参照）では，50 cm 四方の調査区に平均 17 種ほどが，1 m 四方の調査区では平均 22 種ほどの植物が生育している．このように，植物種数は面積，環境や地域ごとに異なることが見てとれる．植物の種多様性を定量化するには，空間スケールごとに多様な種が異なるパターンに従い，集合していることを考慮する必要がある．α, β, γ 多様性の概念は近年多様化しており，さまざまな数式や解釈が存在するが（Tuomisto, 2010; Anderson et al., 2011），その中から代表的なものについて紹介する．

ここで，多様性の空間スケールについて考えるために，地域と調査サイトを仮定した（表 3.3）．地域 A では，サイト 1, 2, 3 に生育している種がそれぞれ 3 種，全体が 9 種で，地域 B ではサイトごとにそれぞれ 3 種で地域 A と各サイトの種数は同様であったが，地域全体では 3 種と地域 A より少ない．地域 C ではサイトごとに 2 種ずつ生育し，地域全体では 4 種，地域 D はサイトごとに 5, 3, 4 種で，地域全体では 9 種が生育している．これらの違いから，どの地域が「種が多様である」といえるのであろうか．これらの違いをひも解く際に重要になるのが，α, β, γ 多様性の概念である．

表 3.3　地域のサイトごとに生育している植物種
アルファベットは種名を表す。

地域	生育する植物種		
	サイト1	サイト2	サイト3
A	ⓐⓑⓒ	ⓓⓔⓕ	ⓖⓗⓘ
B	ⓐⓑⓒ	ⓐⓑⓒ	ⓐⓑⓒ
C	ⓐⓑ	ⓑⓒ	ⓒⓓ
D	ⓐⓑⓒⓓⓔ	ⓓⓔⓕ	ⓕⓖⓗⓘ

(1) α 多様性

α 多様性は，ある特定の群集に生育している植物の多様性を指す。調査サンプルを基準として植物種数を比較する場合，ある特定の面積のコドラートを設定し（たとえば 10 m 四方），その中に生育する植物種数を α 多様性として考える。表 3.3 より，地域 A, B では α 多様性は 3 種ずつ，地域 C では 2 種，地域 D では平均 4 種となる。サンプルサイズや環境により α 多様性は大きく変化する。そのため，植物多様性を比較する際には調査する面積を統一することが重要である（1.4 節参照）。α 多様性（Whittarker, 1975）は，群集あるいは調査サンプルをもとに多様性を評価する際に広く使用されている概念である。

(2) γ 多様性

α 多様性の集合体が，ある地域もしくは群集に生育・生息するすべての種数・種多様性であり，γ 多様性と定義されている（Whittaker, 1975）。地域 A および D の γ 多様性は 9 種，一方で B は 3 種であった。このように α 多様性と γ 多様性は，それぞれの地域ごとで異なるパターンが検出される例がある。これらは，β 多様性を考慮することで明らかになる。

(3) β 多様性

β 多様性とは，ある群集と群集間，地域と地域間もしくはサイトとサイト間において，どのくらい多様性が異なるのかを数値で評価するものである。Whittaker（1975）は，環境傾度にともなう種組成の変化を，β 多様性の概念を用いて評価した。β 多様性は，いまだ発展途上の概念であり，その定義も非常

に広範囲にわたっている（Tuomisto, 2010; Anderson *et al.*, 2011）。その中で，植物の種多様性を効果的に評価できる代表的な2つの考え方についてここで紹介したい。

β 多様性には，乗法的（multiplicative partitioning of species diversity：Whitterker, 1975），および加法的（additive partitioning of species diversity：Veech *et al.*, 2002）な考え方がある。前者を β_w，後者を β_{add} として数式を紹介する。

$$\beta_w = \gamma/\alpha \quad (3.24)$$

$$\beta_{add} = \gamma - \alpha \quad (3.25)$$

ここで α および γ はそれぞれ上述した概念である。この単純な式から導かれる β 多様性は，γ 多様性に対する α 多様性の"比率"と"絶対値"であることが数式からわかる。ここで，仮定した地域とサイト（表3.3）を用いて，空間スケールを考慮した植物多様性の違いを考える。まず，それぞれの群集における $\alpha, \beta_w, \beta_{add}, \gamma$ の値を計算する。ここでは，β 多様性に関しては数式（β_w：3.26，β_{add}：3.27）を用い，地域内のサイト数を N，i をサイトのIDとして，4地域についてそれぞれの多様性の値を算出した（表3.4）。

$$\beta_w = \gamma/\overline{\alpha} \quad (3.26)$$

$$\beta_{add} = \frac{1}{N} \sum_{i=1}^{N} (\gamma - \alpha_i) \quad (3.27)$$

結果，α 多様性に関しては地域Dが最も高く，β_w, β_{add} は地域Aが最も高かった。地域B，CおよびDから，β_w と β_{add} は必ずしも相関するとは限らないことが示唆され，α のみならず β を考慮することが，γ 多様性の評価に重要であるとわかる。β_w は地域内においてサイトごとに種数が入れ替わる"率"を求めた

表3.4 表3.3のデータから得られる，地域ごとの $\alpha, \beta_w, \beta_{add}, \gamma$ の値

地域＼多様性	α	β_w	β_{add}	γ
A	3.0	3.0	6.0	9.0
B	3.0	1.0	0.0	3.0
C	2.0	2.0	2.0	4.0
D	4.0	2.25	5.0	9.0

値であり，β_{add} はあるサイトに存在するが，その他のサイトに存在しない種の"種数の絶対値"を求めたものである．研究で明らかにしたい目的に沿って適当な指数を用いることが必要で，場合によっては両方の指数を用いて植物多様性を議論することが必要である．

植物の種多様性の評価では，地域ごとに3サイトのみの調査であれば表3.4で示した γ 多様性となる．しかし現実の世界では，地域内もしくは群集内の植物の種多様性を明らかにするため，できるだけ多くのサイトを調査する必要があるだろう．計算した β_w が不変であると仮定すると，調査数を増やすにつれて地域 A が D よりも多くの種を含む地域であるとの評価が得られると考えられる．

紹介した β 多様性の指数は，群集やサイト間の不均質性について種数を基準として算出するものであったが，種組成の不均質性について計算する類似度指数もしくは非類似度指数と呼ばれる指数が存在する（2.2節参照）．有名な指数に，種ベースの Sørensen, Jaccard 指数，個体を加味した Bray-curtis, Chao-Sørensen 指数などがある．

以上，ある地域における空間スケールの多様性を評価するため，重要な指標である α, β, γ 多様性について解説した．さらに，β 多様性の種数のみならず，種の置き換わり，すなわち種組成が地域，群集やサイトごとに異なるのかを明らかにするための，種の空間分布のパターンについての指標（turnover, nestedness, checkerboard など）については，3.5.3項で説明する．また，地域に存在する種をすべて定量化することは，現実の世界では不可能に近い（あるいは，人数と時間をかければ可能かもしれない）．そのため，地域あるいは群集の γ 多様性を推定する手法，"rarefaction curve" が提案されている．これについては，Box 3.4 で説明する．

3.5.2 種数—面積関係

種数と面積の関係（species-area relationship）は，生態学における興味と議論の中心であり，これまで数多くの研究や話題が提供されてきた．Rosenzweig（1995）によると，Watson（1859）が種数と面積の関係について初

めて記載したとされており，イギリスの Surrey 地域からグレートブリテン島全体までの種数―面積関係について明らかにしたとされている。いくつかの反証を除けば，一般に広い面積においては狭い面積よりも多くの種が生育・生息することが経験的に明らかとなっている（たとえば Watson, 1859；Dony, 1963；Huston, 1994；Rosenzweig, 1995）。ここで代表的な研究を紹介する。

Dony（1963）は，東イングランド地域の Hertfordshire 地域からグレートブリテン島までのいくつかの面積の異なる地域において，植物の種数と面積の関係を明らかにした。関係は以下の式 3.28 で表される。

$$S = cA^z \tag{3.28}$$

S は種数，z は傾きの係数，A は面積，c は切片を示す。X 軸，Y 軸に対して対数変換した数値を用いた直線回帰は，式 3.29 で示される。

$$\text{Log } S = z \log A + \log c \tag{3.29}$$

以上 2 つの式が一般に用いられており，直線回帰することが可能な式 3.29 がより多くの研究で使用されている。これらのパラメータは，簡易かつ適切に種数―面積の関係を説明できている（図 3.20）。

次に，Cowling et al.（1989）が南アフリカで調査したデータを Rosenzweig（1995）が図にしたものを紹介する（図 3.21）。この図では，5 つの生態系ごとの種数―面積関係を示している。すべての環境において面積が大きくなるにつ

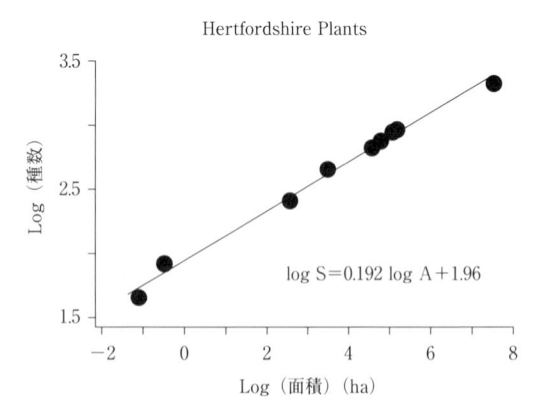

図 3.20　Hertfordshire における植物種数と面積の関係
Rosenzweig（1995）を改変。

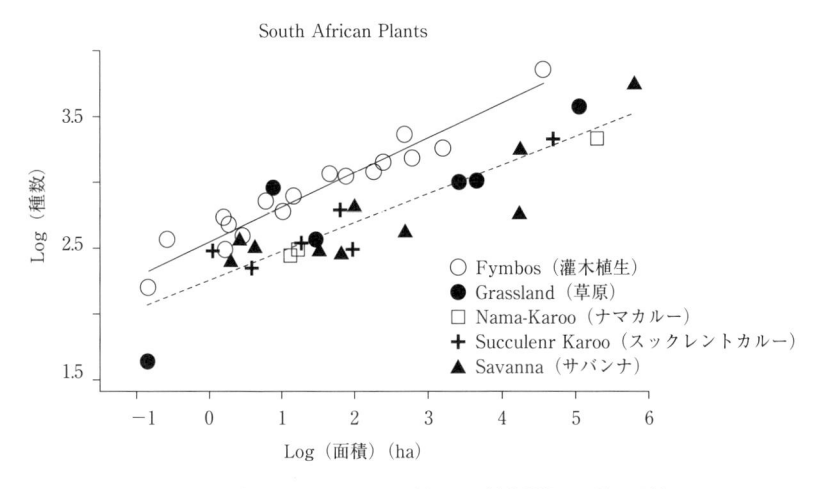

図3.21 南アフリカにおける環境ごとの植物種数と面積の関係
Rosenzweig（1995）を改変。

れ，種数は多くなる傾向が示された。ただし，Fynbos（灌木植生）とそれ以外の生態系では，若干の傾き（zの値）の違いと，切片（cの値）が異なることが明らかとなった。よって，ある国や地域の中でも植物群集の成立環境が異なることで，種数—面積の関係には違いが生まれることが示されている。種数—面積の関係のさらに発展的な内容については，Rosenzweig（1995）やTriantis et al.（2003）を参照されたい。

種数—面積関係の考え方は，生物多様性の評価やその成立機構の解明において重要である。さらに，調査方法を決定する際にも重要となる。空間スケールを考慮した植物多様性の評価を実施する際に重要となるのが，データの「解像度」である（1.4節参照）。比較するデータごとに調査面積が異なっていては，定量的な評価を行うことが難しい。植物群集の特徴を，種数や種多様性指数等を用いて定量的に評価するためには，適切な調査面積を設定する必要がある。したがって，α, β, γ多様性について地域や群集を比較する際には，"面積"という空間パラメータを考慮することが非常に重要となる。

Box 3.4
γ多様性の推定（rarefaction curve による解析）

広域における生物多様性，すなわちγ多様性を知るには，広範囲のエリアをすべて調査する必要がある。種数—面積関係を明らかにするには多大な労力と時間が必要であり，すべての種を定量化することは，現実の世界では非常に難しい。そのため，多くのサンプル（特定の面積を設定したサイトなど）を収集し，そこから面積に対する種数の累積増加を推定する手法，"rarefaction curve" を用いて，地域あるいは群集のγ多様性を明らかにする試みが進められてきた。

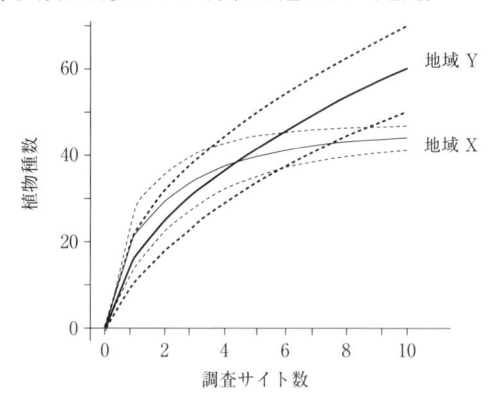

図　Rarefaction curve を用いてそれぞれの地域の種数を評価した結果

ここでは rarefaction curve（Colwell et al., 2004）について，仮想の地域 X, Y を用いて紹介する。この2つの地域における植物の種多様性を比較する際，地域 X, Y ではそれぞれ 10 サイト調査したと仮定し，仮想データを構築した。ここでは 1 サイトを 1 サンプルとして rarefaction curve を作成することとした。地域 X, Y における α 多様性の平均値は，それぞれ 21.5 種，16.5 種であり，地域 X が大きかった。一方で，地域ごとの植物のγ多様性は，それぞれ X が 44 種，Y が 60 種であり，地域 Y のほうが大きいことが明らかとなった。このことから，調査したサイトを 1～10 まで追加計算していくに従って，累積種数は 1 つの群集よりも 2, 3 と増加していくことが考えられた（図）。

結果，調査したサイト数が少ない場合（3 以下）では累積種数の増加勾配は急であり，地域 X のほうが多くの植物種を含んでいた。しかし，調査サイトを増やし累積種数を推定すると，徐々に増加率は減少し，地域 X では最終的には飽和することが予測され，10 サイト以上調査を実施しても地域の種数は増加しないと考えられた。一方地域 Y では，調査サイトを増やすことで確認される種が増加する傾向が検出された。また，調査したサイト数が 4 を超えるあたりで累積種数が逆転することが

明らかとなった。この考え方"rarefaction curve"は，地域やある群集のγ多様性を推定するのに非常に有用な方法である。

この結果から，地域における生物多様性保全への提言を導くことができる。地域 Y の α 多様性は X よりも低いものの，多くのサイトを評価するに従って γ 多様性が増加する傾向にあったことから，より広い地域を保全することが重要であると考えられる。このように，異なる地域（群集）を比較するとき，調査サイト数（群集数）に対してどのように種が累積していくのかを評価することは非常に重要である。α 多様性のみの解析を実施し，保全対策や保全区域を策定すると，誤った意思決定につながるおそれがある。

Rarefaction curve は 2 種類ある。群集や調査区を 1 つのサンプルとして評価する場合を sample-based rarefaction (Colwell *et al*., 2004)，サンプル収集したすべての個体数を用いて描く曲線を individual-based rarefaction (Coleman, 1982) と呼ぶ。両者は似ているようで異なり，累積のサンプルサイズが多くなればなるほど近似されるが，累積の仮定において描かれる曲線に違いが生じる。前者は個々の種の空間分布に影響され，後者は野外において，個体のサンプリングが定量的およびランダムに実施されているかに影響される。代表的な研究に，さまざまな生物の個体数を定量化し，sample-based rarefaction と individual-based rarefaction の比較を実施したものがある (Gotelli and Colwell, 2001)。植物では種ごとの個体数を定量化可能なものと困難なものがある。たとえば，森林のようにすべての樹木個体を定量化できる生態系では，individual-based rarefaction が有効であり，草本植物が優占する草原生態系などにおいてはそれぞれの調査サイトにおける全個体数のサンプリングが難しいため，sample-based rarefaction が有効となるであろう。これらの"rarefaction curve"は，近年のコンピュータ技術の発展によって描くことが容易になり，今後の植物多様性評価に非常に有効な手法であると考えられる。

3.5.3 多様性の空間パターン

ある地域における群集間の β 多様性は，種の空間分布のパターンを反映している。種の空間分布のパターンは，古くから群集生態学や生物地理学の理論によって予測されており，入れ子構造 (nestedness) からなるパターン（図 3.22a），チェッカー盤 (checkerboard) のパターン（図 3.22b），種の置き換わり (species turnover) によるパターン（図 3.22c および d），無作為なパターン（図 3.22e）に大別される (Leibold and Mikkelson, 2002; Almeida-Neto *et al*.,

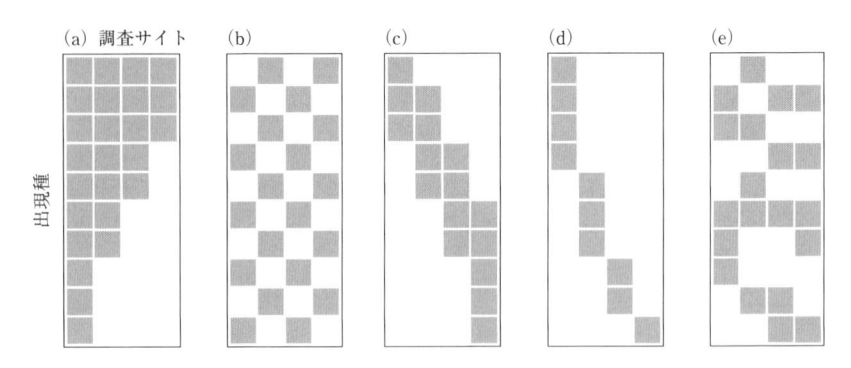

図 3.22 予測される種の分布のパターン
(a) 入れ子構造 (nestedness) からなるパターン, (b) チェッカー盤 (checkerboard) のパターン, (c, d) 種の置き換わり (species turnover) によるパターン, (e) 無作為なパターン

2007; Ulrich and Gotelli, 2013)。無作為なパターンは, 入れ子構造, チェッカー盤, 種の置き換わりのパターンのどれにも当てはまらない, 空間的な規則性のないパターンである。種の空間分布パターンの解析は, 在不在データを基本とする。

入れ子構造は, 種数のより小さい群集組成が, 種数のより大きな群集組成の部分集合となるような構造を指す (図 3.22a)。島嶼生態系をモデルとした入れ子構造の理論によれば, 群集の入れ子構造は群集への種の移入と絶滅のプロセスの帰結であると考えられている。島嶼の場合, より大きな面積の島は環境収容力が高いためにより多くの種を含むことができる一方, より小さな面積の島は局所絶滅によって種を多く含むことができない。また陸により近い島は陸からの生物の移入の確率が高まるため, より多く種を含むことができ, これによって入れ子構造が形成されることとなる。さらに, 一般的に大きな面積の島は, より多様な生息地環境を含むことができるため, ニッチの異なる生物種をより多く含むことができると予測できる。入れ子構造の背景にある生態学的なメカニズムの詳細な解説については, Ulrich *et al.* (2009) を参照されたい。

これまで, 入れ子構造を検証する方法がいくつか提案されてきたが, ここでは統計的に頑健であるとされる NODF (nestedness metric based on overlap and degreasing fill) という手法を紹介する (Almeida-Neto *et al.*, 2008)。NODF は種の在不在データにおいて, 各行および各列を埋める種の数の減少 (decreasing fill: DF), そして行間および列間のペアにおける出現種がオーバーラップする割合 (paired overlap: PO) に基づいて計算される. まず, 種の在不在データ (m 行×n 列からなる) をそれぞれの行と列の出現種数の小計 (marginal total: MT) に基づいて, 行はより上位の行が小計が大きくなるように, 列はより左に配置される列の小計が大きくなるように再配列する. i 行と j 行のペア (i 行は j 行よりも上位にある) について, DF_{ij} は $MT_i > MT_j$ のとき 100 とし, $MT_i \leq MT_j$ のとき 0 とする. k 列と l 列のペア (k 列は l 列よりも左にある) についても同様とする. PO_{ij} は, j 行のある列の 1 (種が存在) に対して i 行のある列も 1 である割合とする. PO_{kl} も同様に求められる. DF_{ij} あるいは DF_{kl} (まとめて DF_{paired} と表す) がとりうる値にあわせて, N_{ij} あるいは N_{kl} (まとめて, N_{paired} と表す) を以下のように定義する.

$$DF_{paired} = 0 \text{ のとき}, N_{paired} = 0$$
$$DF_{paired} = 100 \text{ のとき}, N_{paired} = PO_{paired}$$
(3.30)

NODF は, N_{paired} の合計を行および列ペアの総数で割り,

$$\text{NODF} = \frac{\sum N_{paired}}{\frac{n(n-1)}{2} + \frac{m(m-1)}{2}}$$
(3.31)

で求められる. 図 3.23 は, 4 行×4 列からなる単純な種組成データに対する, NODF の算出例である. 図 3.23b のように, 種組成が完全な入れ子構造になっているとき, NODF は最大値 100 をとる. 入れ子構造が強いほど, NODF は高い値をとる. ただし, 実際の群集の種組成データにおいては完全な入れ子構造が見られることはほとんどない (Davidar et al., 2002; Louzada et al., 2010; Sasaki et al., 2012).

チェッカー盤パターン (図 3.22b) は, 群集間で種の分布が相補的になっているようなパターンで, 競争排除が強くはたらいていることを示唆している. 図 3.22b の例は, 種組成データにおける行と列がすべて相補的になっている, 完全なチェッカー盤パターン (Diamond, 1975) である. このとき, 先ほどの NODF (式 3.31) の値は, 最小値の 0 となる (つまり, 入れ子構造が存在しない). 任意の種 i および j のペアについてのチェッカー盤分布のスコア (CS_{ij}: Stone and Roberts, 1990) は,

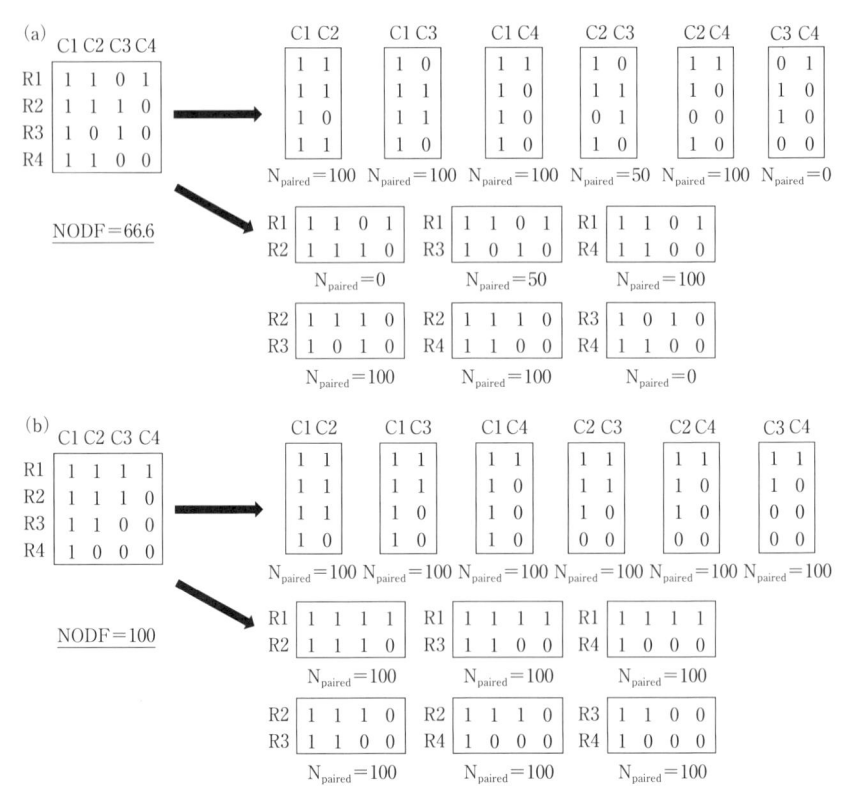

118　第3章　植物群集の多様性の解析

図3.23　4行×4列からなる種組成データに対する，NODF（nestedness metric based on overlap and decreasing fill）の算出の図解（詳細な算出方法は本文参照）
(a) 不完全な入れ子構造の場合，(b) 完全な入れ子構造の場合

$$CS_{ij} = (R_i - S)(R_j - S) \qquad (3.32)$$

で表される。R_i と R_j は種 i および j が出現する群集（サイト）の数，S は種 i および j が両方出現する群集（サイト）の数である。つまり，CS_{ij} が大きな値をとるほど，種 i および j は排他的に分布していることになる。群集全体のチェッカー盤分布のスコアは，すべての種ペアについての CS スコアの平均値となる。チェッカー盤パターンは，次に説明する種の置き換わりのパターンの極端な例ともいえる。

種の置き換わりのパターン（図3.22c および d）は，群集ごとにいくつかの種が新たな種に置き換わることを示唆しており，環境要因や群集集合の履歴（ど

図 3.24 青森県八甲田山系に拡がる高層湿原群（筆者撮影）
森林に囲まれて，湿原が多数点在している。→口絵 3

の種が先に群集に定着したかといった履歴）による制限を反映した結果である
と考えられる。ここでは，種の置き換わりの指数の 1 つである β_{SIM}（Simpson-based multiple-site dissimilarity: Baselga, 2010）を紹介する。

$$\beta_{\mathrm{SIM}} = \frac{[\sum_{i<j} \min(b_{ij}, b_{ji})]}{[\sum_i S_i - S_T] + [\sum_{i<j} \min(b_{ij}, b_{ji})]} \quad (3.33)$$

b_{ij} および b_{ji} はそれぞれ，群集（サイト）i には出現するが群集 j には出現しない種の数，群集 j には出現するが群集 i には出現しない種の数である。S_i は群集 i における種数，S_T はすべての群集の種数（すなわち，γ 多様性）である。群集間の種の置き換わりが大きいほど，大きな値をとる。図 3.22d のように，群集間で種が完全に置き換わると（つまり，β 多様性が最大となるようなパターン），β_{SIM} は最大値 1 をとる。なお，この場合も入れ子構造が存在しないため，NODF（式 3.31）は 0 となる。逆に，完全な入れ子構造（図 3.23b）の場合，β_{SIM} は最小値 0 をとる（すなわち，種の置き換わりが全くない）。種の置き換わりについてはほかにもさまざまな指数が提案されており，その詳細なまとめについては Baselga（2010）を参照されたい。

高層湿原のような空間的に分断化されたパッチに生育する植物群集（図 3.24，口絵 3）では，その構造にしばしば入れ子構造が認められることがある。Sasaki et al.（2012）は，青森県八甲田山系の高層湿原における植物群集が，無

作為に構成される種組成とは有意に異なる入れ子構造をもつかどうかを検証した。湿原サイトごとに得られた全30のコドラート（6つのトランセクト上に配置した5つのコドラート）のデータをひとまとめとして，植物種の在不在データを作成し，出現種×湿原サイト（98種×28サイト）の在不在の種組成データを作成した。入れ子構造の解析には，入れ子構造検証のために開発されたANINHADOというプログラム（Guimaraes and Guimaraes, 2006）を用い，NODFを算出した。入れ子構造の有意性は，あるサイトが種iを含む確率および，ある種がサイトjに含まれる確率に従って無作為に1000回構成した種組成データ（帰無モデル：null model）のNODFと，実際の種組成データのNODFを比べることによって検証した。つまり，種（行）×サイト（列）のデータについて，i行j列が1（種が存在）となる確率（P_{ij}）を，

$$P_{ij} = \left(\frac{N_i}{C} + \frac{N_j}{R}\right)\frac{1}{2} \quad (3.34)$$

とした。N_iおよびN_jはそれぞれ行iおよび列jの1の総数，CおよびRはそれぞれ種組成データの列の総数および行の総数である。帰無モデルの作成には，ここで示した条件以外にもさまざまな条件が提案されており，それらの使用方法および使用上の注意点については関連文献を参照されたい（Bascompte et al., 2003; Ulrich and Gotelli, 2007; Ulrich et al., 2009 など）。有意な入れ子構造が確認できた後，入れ子構造の配列（入れ子構造においてより上位となる湿原サイトから下位の湿原サイトまでの順番）と，環境要因や空間変数との関係を解析することで入れ子構造が種の消失プロセスを反映しているかどうかを検証した。結果，八甲田の植物群集はランダムに構成される群集組成とは有意に異なる入れ子構造（図3.25）を示した（$P < 0.001$）。図からわかるように，地域に出現する植物種の大半を含む上位の湿原と，一部の種しか含まない下位の湿原が存在するということになる。このような入れ子構造の階層を順位づけし（最上位の湿原を1位，最下位の湿原を28位），湿原サイトの順位と湿原の空間配置や環境要因の関係を解析したところ，湿原サイトの順位はpHおよび各湿原サイトの周囲にある湿原の空間的な凝集度（周囲に湿原がどれだけ多いか）によって説明されることがわかった（図3.26）。この結果は，pHが低いほど環境条件が厳しいために種を多く含むことができず，さらに対象とする湿原が局

3.5 多様性の空間スケール　*121*

湿原に出現する植物種（全98種）の配列

図3.25　青森県八甲田山系の湿原植物群集に見られる入れ子構造（統計的に有意な結果：NODF＝42.63, *P*＜0.001）
調査した湿原サイト数（28）×出現種数（98）の全2744セルからなるマトリクス。空白のセルは種の不在を，黒塗りで埋められたセルは種が存在することを示している。概して，マトリクスにおいてより下位にある湿原における出現種は上位にある湿原にも出現し，入れ子構造を形成していることが読み取れる。Sasaki *et al.* (2012) を改変。

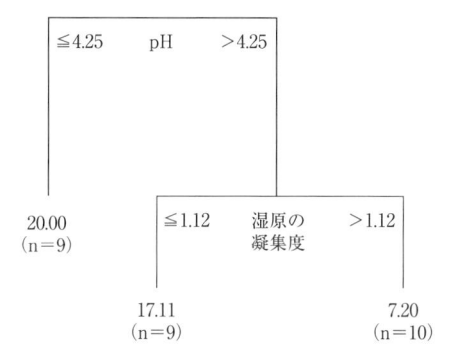

```
              ≦4.25    pH     >4.25
                               │
                    ┌──────────┴──────────┐
                    │                     │
                  20.00           ≦1.12  湿原の   >1.12
                  (n＝9)                 凝集度
                               ┌─────────┴─────────┐
                             17.11               7.20
                            (n＝9)              (n＝10)
```

図3.26　青森県八甲田山系の湿原植物群集の入れ子構造（図3.25）における湿原サイトの順位（入れ子構造の最上位にある湿原を1位，最下位を28位とした）と環境要因の関係を回帰樹木を用いて解析した結果
順位を決定する環境要因，枝の先にはその要因による条件分岐によって分類された湿原サイトの順位の平均値（nは分類されたサイトの数）が記されている。まずpHが相対的に低い（4.25以下）湿原ほど，種を多く含むことができない（入れ子構造の下位になりやすい）と解釈できる。pHが相対的に高い（4.25より高い）湿原でも，空間的凝集度（周囲に湿原がどれだけ多いか）が低いほど種を多く含むことができず，一方，凝集度が高いほど種を多く含むことができると解釈できる。Sasaki *et al.* (2012) を改変。

所的に他の湿原から離れているほど，個体群の存続性が低くなるため種を多く含むことができないことを示唆している。つまり，湿原植物群集の入れ子構造は種の消失プロセスを反映していると考えられた。

以上のように，種の空間分布のパターンに着目した解析を行うことで，地域

の植物群集における多様性を形成する生態学的なメカニズムを推定することができる。ここで重要なことは，入れ子構造，チェッカー盤分布，種の入れ替わりのパターンは，互いに排他的なパターンではないということである（Baselga, 2010）。種の置き換わりと種の消失・移入プロセスのバランスによって，これらのパターンは形成されうる。

引用文献

Albert CH, de Bello F, Boulangeat I, et al.（2012）On the importance of intraspecific variability for the quantification of functional diversity. *Oikos*, **121**: 116-126
Almeida-Neto M, Guimaraes P, Guimaraes PR, et al.（2008）A consistent metric for nestedness analysis in ecological systems: reconciling concept and measurement. *Oikos*, **117**: 1227-1239
Almeida-Neto M, Guimaraes PR, Lewinsohn TM（2007）On nestedness analyses: rethinking matrix temperature and anti-nestedness. *Oikos*, **116**: 716-722
Anderson MJ, Crist TO, Chase JM, et al.（2011）Navigating the multiple meanings of β diversity: a roadmap for the practicing ecologist. *Ecology Letters*, **14**: 19-28
Baraloto C, Hérault B, Paine CET, et al.（2012）Contrasting taxonomic and functional responses of a tropical tree community to selective logging. *Journal of Applied Ecology*, **49**: 861-870
Barker GM（2002）Phylogenetic diversity: a quantitative framework for measurement of priority and achievement in biodiversity conservation. *Biological Journal of the Linnean Society*, **76**: 165-194
Bascompte J, Jordano P, Malian CJ, Olesen JM（2003）The nested assembly of plant-animal mutualistic networks. *Proceedings of the National Academy of Sciences of the United States of America*, **100**: 9383-9387
Baselga A（2010）Partitioning the turnover and nestedness components of beta diversity. *Global Ecology and Biogeography*, **19**: 134-143
de Bello F, Lavorel S, Albert CH, et al.（2011）Quantifying the relevance of intraspecific trait variability for functional diversity. *Methods in Ecology and Evolution*, **2**: 163-174
Botta-Dukát Z（2005）Rao's quadratic entropy as a measure of functional diversity based on multiple traits. *Journal of Vegetation Science*, **16**: 533-540
Cadotte MW, Borer ET, Seabloom EW, et al.（2010）Phylogenetic patterns differ for native and exotic plant communities across a richness gradient in Northern California. *Diversity and Distributions*, **16**: 892-901
Cadotte MW, Carscadden K, Mirotchnick N（2011）Beyond species: functional diversity and the maintenance of ecological processes and services. *Journal of Applied Ecology*, **48**: 1079-1087
Cantero JJ, Partel M, Zobel M（1999）Is species richness dependent on the neighbouring stands? an analysis of the community patterns in mountain grasslands of central Argentina. *Oikos*, **87**: 346-354
Cianciaruso MV, Batalha MA, Gaston KJ, Petchey OL（2009）Including intraspecific variability in functional diversity. *Ecology*, **90**: 81-89
Coleman BD, Mares MA, Willig MR, Hsieh YH（1982）Randomness, area, and species richness. *Ecology*, **63**: 1121-1133
Colwell RK, Mao CX, Chang J（2004）Interpolating, extrapolating, and comparing incidence-based

species accumulation curves. *Ecology*, 85: 2717-2727
Cornwell WK, Schwilk DW, Ackerly DD (2006) A trait-based test for habitat filtering: convex hull volume. *Ecology*, 87: 1465-1471
Cowling RM, Gibbs RGE, Hoff man MT, Hilton TC (1989) Patterns of plant species diversity in Southern Africa. In: Huntley BJ (ed), *Biotic diversity in southern Africa: concepts and conservation*, 19-50. Oxford University Press
Davidar P, Yogananad K, Ganesh T, Devy S (2002) Distributions of forest birds and butterflies in the Andaman islands, Bay of Bengal: nested patterns and processes. *Ecography* 25: 5-16
Devictor V, Mouillot D, Meynard C, *et al.* (2010) Spatial mismatch and congruence between taxonomic, phylogenetic and functional diversity: the need for integrative conservation strategies in a changing world. *Ecology Letters*, 13: 1030-1040
Diamond JM (1975) Assembly of species communities. In: Cody ML, Diamond JM (eds), *Ecology and evolution of communities*, 342-444. Belknap Press
Diaz S, Noy-Meir I, Cabido M (2001) Can grazing response of herbaceous plants be predicted from simple vegetative traits? *Journal of Applied Ecology*, 38: 497-508
Dony JG (1963) The expectation of plant records from prescribed areas. *Watsonia*, 5: 377-385
Faith DP (1992) Conservation evaluation and phylogenetic diversity. *Biological Conservation*, 61: 1-10
Felsenstein J (2004) *Inferring Phylogenies*. Sinauer Associates
Flynn DFB, Mirotchnick N, Jain M, *et al.* (2011) Functional and phylogenetic diversity as predictors of biodiversity-ecosystem-function relationships. *Ecology*, 92: 1573-1581
Forest F, Grenyer R, Rouget M, *et al.* (2007) Preserving the evolutionary potential of floras in biodiversity hotspots. *Nature*, 445: 757-760
Gotteli NJ, Colwell RK (2001) Quantifying biodiversity: procedures and pitfalls in the measurement and comparison of species richness. *Ecology Letters*, 4: 379-391
Guimaraes PR, Guimaraes P (2006) Improving the analyses of nestedness for large sets of matrices. *Environmental Modelling and Software*, 21: 1512-1513
Hubbell SP (1979) Tree dispersion, abundance, and diversity in a tropical dry forest. *Science*, 203: 1299-1309
Huston MA (1994) *Biological diversity: the coexistence of species in changing landscapes*, 15-63. Cambridge University Press
Kattge J, Diaz S, Lavorel S, *et al.* (2011) TRY-a global database of plant traits. *Global Change Biology*, 17: 2905-2935
黒川紘子 他, 植物の形質調査法, 共立出版 (in press)
Laliberté E, Legendre P (2010) A distance-based framework for measuring functional diversity from multiple traits. *Ecology*, 91: 299-305
Leibold MA, Mikkelson GM (2002) Coherence, species turnover, and boundary clumping: elements of meta-community structure. *Oikos*, 97: 237-250
Loreau M, Hector A (2001) Partitioning selection and complementarity in biodiversity experiments. *Nature*, 412: 72-76
Louzada J, Gardned T, Peres C, Barlow J (2010) A multi-taxa assessment of nestedness patterns across a multiple-use Amazonian forest landscape. *Biological Conservation*, 143: 1102-1109
Magurran AE, McGill BJ (eds) (2011) *Biological diversity: frontiers in measurement and assessment*. Oxford University Press

Mason NWH, Mouillot DM, Lee WG, Wilson JB (2005) Functional richness, functional evenness and functional divergence: the primary components of functional diversity. *Oikos*, **111**: 112-118

Matsuzaki SS, Sasaki T, Akasaka M (2013) Consequences of the introduction of exotic and translocated species and future extirpations on the functional diversity of freshwater fish assemblages. *Global Ecology and Biogeography*, **22**: 1071-1082

Mayfield MM, Levine JM (2010) Opposing effects of competitive exclusion on the phylogenetic structure of communities. *Ecology Letters*, **13**: 1085-1093

Mori AS, Furukawa T, Sasaki T (2013) Response diversity determines the resilience of ecosystems to environmental change. *Biological Reviews*, **88**: 349-364

Mouchet M, Guilhaumon F, Villéger S, *et al.* (2008) Towards a consensus for calculating dendrogram-based functional diversity indices. *Oikos*, **117**: 794-800

Mouillot D, Mason NWH, Dumay O, Wilson JB (2005) Functional regularity: a neglected aspect of functional diversity. *Oecologia*, **142**: 353-369.

Petchey OL, Evans KL, Fishburn IS, Gaston KJ (2007) Low functional diversity and no redundancy in British avian assemblages. *Journal of Animal Ecology*, **76**: 977-985

Petchey OL, Gaston KJ (2006) Functional diversity: back to basics and looking forward. *Ecology Letters*, **9**: 741-758

Petchey OL, Gaston KJ (2007) Dendrograms and measuring functional diversity. *Oikos*, **116**: 1422-1426

Petchey OL, Gaston, KJ (2002) Functional diversity (FD), species richness and community composition. *Ecology Letters*, **5**: 402-411

Pielou EC (1969) *An Introduction to Mathematical Ecology*. Wiley-Interscience

Podani J, Schmera D (2006) On dendrogram-based measured of functional diversity. *Oikos*, **115**: 179-185

Podani J (1999) Extending Gower's general coefficient of similarity to ordinal characters. *Taxon*, **48**: 331-340

Rao CR (1982) Diversity and dissimilarity coefficients: a unified approach. *Theoretical Population Biology*, **21**: 24-43

Reiss J, Bridle JR, Montoya JM, Woodward G (2009) Emerging horizons in biodiversity and ecosystem functioning research. *Trends in Ecology and Evolution*, **24**: 505-514

Ricotta C (2005) A note on functional diversity measures. *Basic and Applied Ecology*, **6**: 479-486

Ricotta C, Moretti M (2011) CWM and Rao's quadratic diversity: a unified framework for functional ecology. *Oecologia*, **167**: 181-188

Rosenzweig ML (1995) *Species diversity in space and time*, 8-49. Cambridge University Press

Sasaki T, Katabuchi M, Kamiyama C, *et al.* (2012) Nestedness and niche-based species loss in moorland plant communities. *Oikos*, **121**: 1783-1790

Sasaki T, Katabuchi M, Kamiyama C, *et al.* (2014) Vulnerability of moorland plant communities to environmental change: consequences of realistic species loss on functional diversity. *Journal of Applied Ecology*, **51**: 299-308

Sasaki T, Okubo S, Okayasu T, *et al.* (2009) Two-phase functional redundancy in plant communities along a grazing gradient in Mongolian rangelands. *Ecology*, **90**: 2598-2608

Schleuter D, Daufresne M, Massol F, Argillier C (2010) A user's guide to functional diversity indices. *Ecology*, **80**: 469-484

Simpson E (1949) Measurement of diversity. *Nature*, **163**: 688-688

Stone L, Roberts A (1990) The checkerboard score and species distributions. *Oecologia*, **85**: 74-79

Tilman D, Reich PB, Knops J, et al. (2001) Diversity and productivity in a long-term grassland experiment. *Science*, **294**: 843-845

Triantis KA, Mylonas M, Lika K, Vardinoyannis K (2003) A model for the species-area-habitat relationship. *Journal of Biogeography*, **30**: 19-27

Tuomisto H (2010) A diversity of beta diversities: straightening up a concept gone awry. Part 1. Defining beta diversity as a function of alpha and gamma diversity. *Ecography*, **33**: 2-22

Ulrich W, Almeida-Neto M, Gotelli NJ (2009) A consumer's guide to nestedness analysis. *Oikos*, **118**: 3-17

Ulrich W, Gotelli NJ (2007) Null model analysis of species nestedness patterns. *Ecology*, **88**: 1824-1831

Ulrich W, Gotelli NJ (2013) Pattern detection in null model analysis. *Oikos*, **122**: 2-18

United Nations Environment Programme (UNEP) (1992) *Biodiversity Country Studies: Exective Summary*. New York, UNEP.

Veech JA, Summerville KS, Crist TO, Gering JC (2002) The additive partitioning of species diversity: recent revival of an old idea. *Oikos*, **99**: 3-9

Veen GF, Blair JM, Smith MD, Collins SL (2008) Influence of grazing and fire frequency on small-scale plant community structure and resource variability in native tallgrass prairie. *Oikos*, **117**: 859-866

Villéger S, Mason NWH, Mouillot D (2008) New multidimensional functional diversity indices for a multifaceted framework in functional ecology. *Ecology*, **89**: 2290-2301

Watson HC (1859) *Cybele Britannica, or British plants and their geographical relations*. Longman & Company

Webb CO (2000) Exploring the phylogenetic structure of ecological communities: an example for rain forest trees. *American Naturalist*, **156**: 145-155

Weigelt A, Schumacher J, Roscher C, Schmid B (2008) Does biodiversity increase spatial stability in plant community biomass? *Ecology Letters*, **11**: 338-347

Weiher E (2011) A primer of trait and functional diversity. In: Magurran AE, McGill BJ (eds), *Biological diversity: frontiers in measurement and assessment*, 175-193. Oxford University Press

Whitmore TC, Peralta R, Brown K (1985) Total species count in a Costa Rican tropical rain forest. *Journal of Tropical Ecology*, **1**: 375-378

Whittaker RH (1975) *Communities and Ecosystems, 2nd ed.* Macmillan

Wilson EO (1988) *Biodiversity*. National Academy Press

Wright IJ, Reich PB, Westoby M, et al. (2004) The worldwide leaf economics spectrum. *Nature*, **428**: 821-827

第4章 植物群集データを用いた回帰分析

4.1 はじめに

　回帰分析（regression analysis）は，目的となる変数（応答変数）が説明要因となる変数（説明変数）によってどの程度説明されるかを解析するものである。第2章で解説した群集の序列化および分類の手法は，群集の種組成と環境要因データの対応関係を示す手法である。それに対し回帰分析は，結果となる要因の数値と，原因となる要因の数値の関係性を表す式を当てはめ，統計モデルとして表現する手法である。統計モデルとは，観測データのパターンを説明する枠組み・手法のことである。このように，回帰分析では応答変数—説明変数間に明確な因果関係を想定していることが特徴である。回帰分析により複数の変数間の定量的な関係を決めることで，因果関係の検証や予測を行うことができる。なお，相関（correlation）は，回帰と混同されることが多いが，変数間の相互関係の強さを調べる手法であり，変数間に因果関係を想定していない（市原，1990）。

　生態学分野では，回帰分析を適用することにより，

- 推定：群集あるいは種に対する環境要因の最適値や適応域などのパラメータを推定する
- 評価：複数の環境要因の中から群集あるいは種の応答に寄与している環境変数を抽出・評価する
- 予測：環境要因データから群集あるいは種の応答を予測する

などが行われる（Jongman *et al.*, 1995）。とくに，植物群集データを用いた回帰分析は，古くから種の分布を規定する環境要因の推定や評価，それに基づく種の分布予測などに用いられてきた（Guisan *et al.*, 1998, 2002）。近年では，本章

表4.1 本章で扱う回帰モデル

回帰モデル	扱うことのできる変数の数	確率分布	データのタイプ	モデルの特徴
線形回帰 　単回帰・重回帰	応答変数：1 説明変数 　単回帰：1 　重回帰：2以上	等分散の正規分布	量的変数（連続値）	応答変数―説明変数間の線形関係を検証。
一般化線形モデル 一般化線形混合モデル	応答変数：1 説明変数：1以上	さまざまな確率分布	量的変数（連続値・離散値） 質的変数	誤差構造・リンク関数の選択により，さまざまなデータを用いた応答変数―説明変数間の線形・非線形関係を検証。GLMMではランダム効果を扱うことが可能。
構造方程式モデル	3つ以上の変量	等分散の正規分布（モデルの発展により，さまざまな確率分布も扱えるようになってきている）	量的変数（連続値・離散値） 質的変数	変量間の因果関係の検証。左記のモデルと異なり，それぞれの変数に対する直接的，間接的な効果が検証可能。

の後半で解説する一般化線形モデルの普及や発展，計算機能力の向上により，多変量データからなるさまざまな植物群集データに回帰分析を適用することが可能となっている。これにより，種の分布推定に加え，生物多様性―生態系機能関係のモデル構築，広域・長期的な観測データの活用，将来の環境変化や気候変動に対する植物群集の応答予測など，生態学における多くの課題で回帰分析の手法が用いられている。

回帰分析には多様な手法が提案されており，それぞれ扱うことのできる変数の数やタイプ，適用できる確率分布の種類やモデルの複雑さなどが異なっている（表4.1）。植物群集データに対して用いられる主要な回帰分析として，単純なモデルからより複雑なモデルの順に，線形回帰，一般化線形モデル，一般化線形混合モデルおよび構造方程式モデルが挙げられる。線形回帰は狭義の回帰分析であり，最も古典的な回帰分析手法といえる。一般化線形モデルおよび一般化線形混合モデルは線形回帰を拡張し，より幅広いデータを統一的な枠組みのもとで扱えるようにした手法であり，現在の回帰分析の主流となっている。構造方程式モデルは，回帰分析と相関により因果関係を示す概念フレームワー

クを検証するモデルであり,現在も発展中の手法である。なお,本章では扱わないが,より発展的な手法として,応答変数—説明変数間の非線形な関係を扱う非線形回帰や,多変量データを応答変数にもつ多変量回帰分析などもある。

本章では回帰分析について,まず群集データから応答変数および説明変数を抽出する方法について解説する（4.2節）。次いで,線形回帰（4.3節）,一般化線形モデル（4.4節）,一般化線形混合モデル（4.5節）,構造方程式モデル（4.6節）の順に,研究例を交えながら解説する。なお,回帰分析の統計学的手法の一般的な内容については多くの専門書が出版されているため,本章では植物群集データへの回帰分析の適用に焦点をあてて解説する。

4.2 応答変数と説明変数

回帰分析において,応答変数 y と説明変数 $x_1, x_2, \cdots$ の関係性は,回帰式,

$$y = \beta_0 + \beta_1 x_1 + \beta_2 x_2 + \cdots + e \tag{4.1}$$

で表すことができる。β_0 は切片,$\beta_1, \beta_2, \cdots$ は傾きと呼ばれる。e は応答変数 y のばらつき（残差,誤差）を表す。回帰分析とは,応答変数—説明変数間の関係を表すパラメータ $\beta_0, \beta_1, \beta_2, \cdots$ を観測データに基づいて推定することである。なお,結果となる応答変数を縦軸,原因となるある説明要因を横軸にとり,観測データを図示したものが散布図（scatter plot）である（図 4.1）。応答変数および説明変数の観測データに回帰式を当てはめる手順は,

・観測データの確認と回帰モデルの特定
・回帰モデルのパラメータ推定
・回帰モデルの妥当性の確認

である。本節では,観測データに応じた回帰モデルを特定するための始めのステップとして,群集データから応答変数および説明変数を抽出し,データの性質や特徴を確認する方法について解説する。

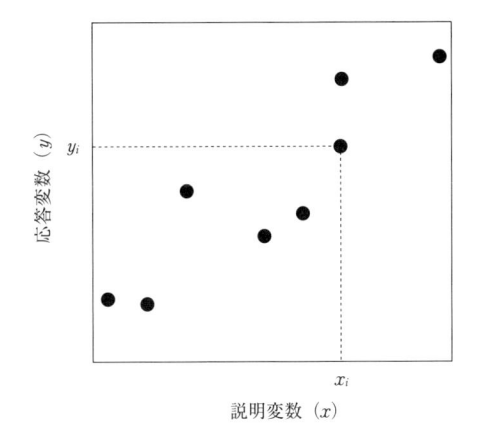

図 4.1　応答変数 y と説明変数 x の関係性を示す散布図
点線はある地点 i における応答変数 y_i および説明変数 x_i の値を示す。

4.2.1　群集データから応答変数を抽出する

　回帰分析における応答変数は，式 4.1 に示したようにばらつき（残差，誤差）e を含んだ値として考えられる。回帰分析では，このような応答変数を何らかの確率分布に従うと仮定して扱う。以降に，回帰モデルにおいて応答変数のばらつきを表す確率分布について解説し，次いで多変量データからなる植物群集データを応答変数として抽出する方法を紹介する。

(1) 応答変数の確率分布

　応答変数の観測値は，環境要因などの説明変数がある一定の値をとる場合でも，ある1つの値として得られるわけでなく，最も起こりやすい値の周りにばらついて観測される（柏谷，2012）。このことを数式で表すと，式 4.1 を改変して，

$$y = y の期待値 + e$$
$$y の期待値 = \beta_0 + \beta_1 x_1 + \beta_2 x_2 + \cdots \tag{4.2}$$

となる。このようなばらつきをともなう変数は確率変数と呼ばれる。回帰分析では，応答変数のばらつきを「確率分布（probability distribution）」により表現する。確率分布とは，"確率変数のとりうる値" と "それぞれの値をとる確率" の対応関係を示すものである。確率分布は横軸に確率変数（ここでは応答変数

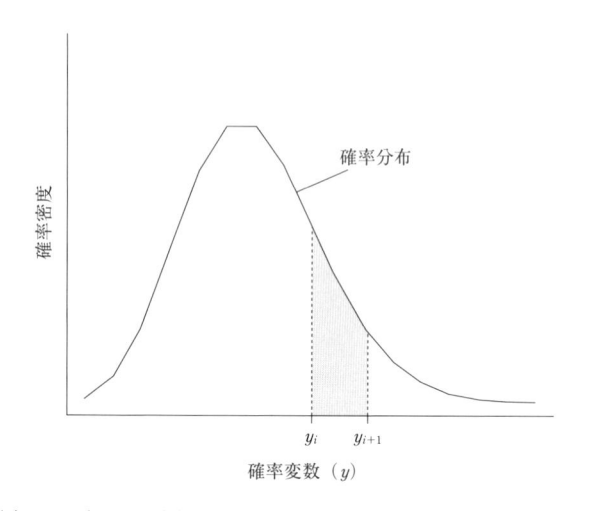

図 4.2 確率分布により表される確率変数 y と確率密度の対応関係
　y_i と y_{i+1} の間の面積が，応答変数が y_i から y_{i+1} の値をとる確率を示す。粕谷 (2012) を改変。

y)，縦軸に確率密度をとって図示することができ，確率分布の曲線の占める面積が確率を表している（図 4.2）。たとえば，y_i と y_{i+1} の間の面積は，y が $y_i \sim y_{i+1}$ の値をとる確率を示しており，分布曲線の占める面積をすべて足すと 1 になる。このように面積が値の範囲を表すような関数は，確率密度関数と呼ばれる。確率分布には，確率変数がとりうる値の範囲とそれに対応する確率（たとえば，2 という値をとる確率が 0.5 など）が異なるさまざまな分布の種類がある。植物群集データに用いられる主要な確率分布として，正規分布，ポアソン分布，二項分布，ガンマ分布などが挙げられる（表 4.2）。確率分布はそれぞれ数式で定義され，パラメータの値を変えることで分布の形が変化する。以下に，主要な確率分布の特徴について，対応する植物群集データを挙示しながら紹介する。

①正規分布（normal distribution）

　ガウス分布（gaussian distribution）とも呼ばれる。正規分布する変数がとりうる値はマイナスにもプラスにも無限大の範囲で変化する連続値である（表 4.2）。正規分布は左右対称の密度関数であり（図 4.3a），2 つの独立したパラメータ，平均 μ と分散 σ^2 をもつ。なお確率分布における平均は，データの期待

表4.2 応答変数データの特徴に応じた確率分布の選び方

確率分布	正規分布	ポアソン分布	二項分布	ガンマ分布
データのタイプ	連続値	離散値	離散値 二値化できる質的値	連続値
値の下限/上限	$-\infty/+\infty$	$0/+\infty$	$0/$有限	$0/+\infty$
植物群集データの例	序列化スコア	個体数,種数	種の在・不在,発芽の有無,実生の生・死	バイオマス

∞:無限大

値のことである。正規分布において,平均がμ,分散がσ^2のときにyとなる確率$P(y|\mu,\sigma^2)$は,

$$P(y|\mu,\sigma^2) = \frac{1}{\sqrt{2\pi\sigma^2}}\exp\left\{-\frac{(y-\mu)^2}{2\sigma^2}\right\} \tag{4.3}$$

として表される。図4.3aの例は平均$\mu=0$,分散$\sigma^2=1$の正規分布をそれぞれ平均の値のみ,分散の値のみを変化させた場合の確率密度の変化を示している。

　植物群集から観測されるデータにおいて,ばらつきがこのような正規分布に従うこと(正規性)を仮定できるものは,一部の序列化スコア(第2章参照)を除きあまりない。しかしながら,データの正規性を仮定した統計解析は数学的に扱いやすいことから,古くからさまざまな手法に用いられてきた。古典的な回帰分析である線形回帰もその1つである。植物群集データでいえば,線形回帰は0以上の連続値からなるバイオマスデータや離散値である種数データに適用されてきた。一方で,これらのデータに対して正規性を仮定することは統計的推論の誤りを生じさせる可能性があることも指摘されている(久保,2012)。

② ポアソン分布(Poisson distribution)

　ポアソン分布する変数がとりうる値は0以上の離散値(例:$y=0,1,2,\cdots$)である(表4.2)。ポアソン分布の確率密度はある時間・空間において事象が生じる確率などによく用いられ,パラメータは平均λである。植物群集データでは,植物の個体数や種数データが該当する。これらのデータはカウントデータとも呼ばれる。ポアソン分布において平均がλのときにyとなる確率$P(y|\lambda)$

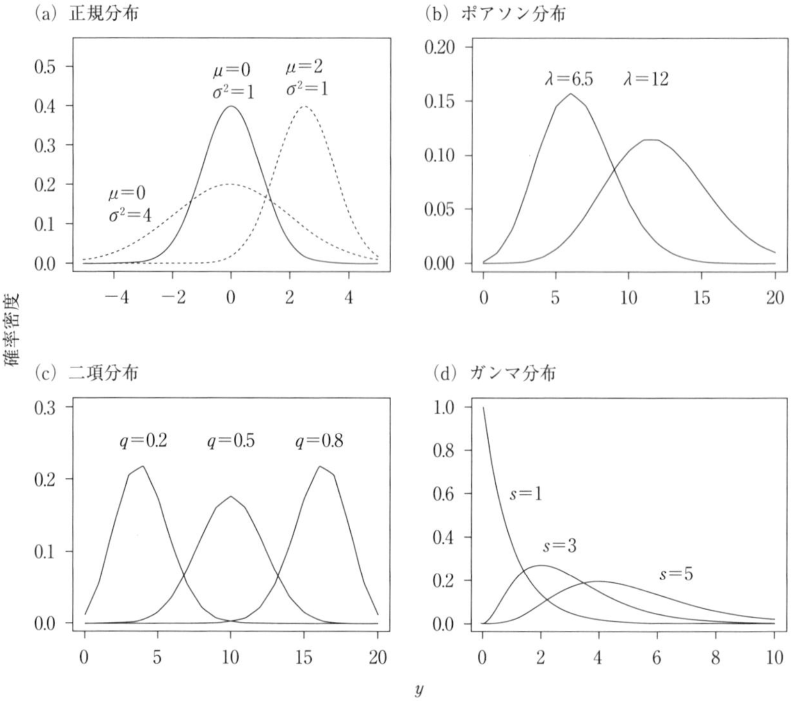

図 4.3 さまざまな確率分布における y と確率密度の対応関係
(a) 正規分布における平均 μ および分散 σ^2, (b) ポアソン分布における平均 λ, (c) 二項分布における生起確率 q, (d) ガンマ分布における形状パラメータ s を変化させたときの確率分布の変化を示す。

は,

$$P(y|\lambda) = \frac{\lambda^y \exp(-\lambda)}{y!} \tag{4.4}$$

$y!$：y の階乗（$1\times 2\times 3\times \cdots \times y$）

として表される。ポアソン分布では平均と分散が等しい（平均＝分散＝λ）ため，平均 λ の値が与えられると分布の形が決められる。図 4.3b の例は，たとえば種数の平均 λ が 6.5 および 12 のときに，y が 0 からそれぞれの値をとる確率を示している。

③二項分布 (binomial distribution)

二項分布する変数がとりうる値は0以上の上限をもつ離散値である（表4.2）。二項分布の確率密度はn回の施行で事象が生じる確率を示しており，パラメータは事象が生起する確率$q (0 \leq q \leq 1)$である。植物群集データでいえば，ある種の在・不在や，種子数，実生数などの値が既知の場合の事象の有無（たとえば，発芽の有無，生・死）などのデータが該当する。二項分布において，nのうちy個で事象が生じる確率$P(y|n,q)$は，

$$P(y|n,q) = {}_nC_y q^y (1-q)^{n-y} \tag{4.5}$$

として表される。図4.3cの例は，たとえば種子数nが20のときに，発芽確率qを0.2, 0.5, 0.8と変化させた場合の確率密度の変化を示している。

事象が生起する回数yの平均は，［あるy］×［あるyをとる確率］をすべて合計したもので，$\sum_{y=1}^{n} y \cdot {}_nC_y q^y (1-q)^{n-y} = nq$となり，分散は$nq(1-q)$となる。このことから，二項分布では$n$が大きくなるほどその分散は正規分布に近づくという性質がある。

④ガンマ分布 (gamma distribution)

ガンマ分布する変数がとりうる値は0以上の正の連続値（例：$y=0.5, 2.3, 5.0$, …）である（表4.2）。ガンマ分布の確率分布は2つのパラメータ，形状パラメータsおよび尺度パラメータγをもち，確率密度関数は，

$$P(y|s,\gamma) = \frac{\gamma^s}{\Gamma(s)} y^{s-1} \exp(-\gamma y) \tag{4.6}$$

として表される。$\Gamma(s)$はガンマ関数であり，平均は$\frac{s}{\gamma}$，分散は$\frac{s}{\gamma^2}$である。図4.3dの例は，sを1, 3, 5と変化させた場合の確率密度の変化を示している。植物群集データでは，バイオマスデータ，胸高断面積などの植物のサイズや形態を表すデータなどが代表的である。連続値データでは，とりうる値の下限が0の場合にも正規分布が適用されることがあるが，これらのデータは正規分布よりガンマ分布で表すほうが適切である（久保，2012）。

確率分布には，以上に挙げたほかにもベータ分布，負の二項分布，多項分布などさまざまな種類がある。たとえば，ベータ分布する変数がとりうる値は

0〜1の範囲の連続値であり，植物群集データでは被度データが該当する。負の二項分布は，ゼロの値を過剰に含むデータをはじめとした過大分散データ（4.5節）に適用される。多項分布は二項分布を拡張したものであり，3つ以上の水準（カテゴリー）からなるデータを表現できる。確率分布や確率密度については Sokal and Rohlf（1995），粕谷（1998, 2012）や簑谷（2009）などに詳しく解説されている。

(2) 多変量の単純化または要約

植物群集データでは，回帰分析の応答変数として主に群集の種数やバイオマスデータが用いられる。近年では，これらに加え，植物群集の種組成や群集のもつ機能といった多変量データで表される複雑な情報を，回帰分析の応答変数として用いるアプローチが見られるようになった。ここでは，研究目的に応じて適した応答変数を抽出するために，種組成データの要約や種形質の情報との関連づけにより植物群集の特性を表す変量を用いる方法，生態系機能や安定性といった植物群集の状態を表す変量を用いる方法を紹介する。

①群集の特性を表す変量
・序列化スコアの活用

複数の植物群集間での種組成の違いや類似性といった"種組成"の情報を，直接的に回帰分析の応答変数として扱いたい場合，序列化手法（第2章参照）により種組成データを単純化した変量を活用する方法がある（図4.4a）。序列化により種組成データを定量的に要約することで得られる変量の主要軸の値を応答変数とすることで，群集間での種組成の違いや類似性を表すことができる。なお，序列化による種組成データの要約では，データがもつ情報が失われる可能性があるため（加藤, 1995），抽出する序列化スコアが環境傾度に対する種組成の変化を明確にとらえられているかを，寄与率などから判断して用いる必要がある（2.3節参照）。

序列化スコアを応答変数，環境傾度やあるイベントからの経過時間などを説明変数として回帰分析を行うことにより，環境傾度や時間にともなう種組成の変化パターンを検証することができる。たとえば，モンゴル草原の草本植物群集を対象に行われた研究（Sasaki *et al.*, 2008）では，種組成データを序列化した

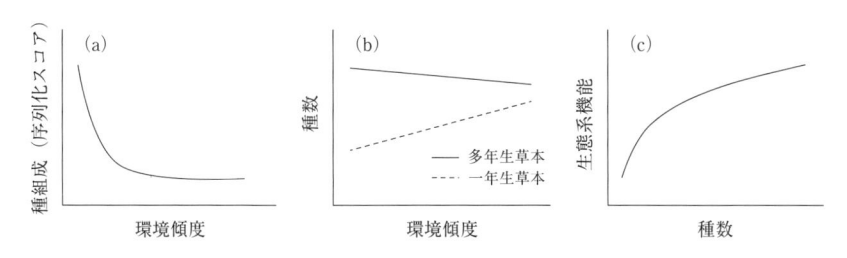

図 4.4 植物群集データを用いたさまざまな回帰の応答変数
(a) 種組成を表す序列化スコア，(b) 機能群ごとにグループ化した種数，(c) 生態系機能

スコアを応答変数に，放牧傾度（放牧の拠点からの距離）を説明変数として回帰分析を行うことで，放牧傾度に沿った種組成の変化パターンを明らかにしている（5.2 節で詳しく解説する）。また，植物群集データを扱った例ではないが，Banks-Leite et al. (2014) はブラジルの森林地帯において，非分断化林（原生林）の種組成に対する分断林の種組成の類似度を，複数の生物群（哺乳類，鳥類，両生類，脊椎動物）を対象に算出した。この研究では，それらの生物群ごとの類似度指数を応答変数に，森林率を説明変数として回帰分析を行うことで，森林の分断化にともなう生物群集の変化パターンを検証している。群集間の種組成の類似性を回帰分析の応答変数に用いた研究事例は 4.3.3 項でも紹介する。

・植物の種形質を用いたグルーピング

　植物群集の応答に構成種の特性を関連づけた検証を行いたい場合，応答変数データを着目する種形質（3.3 節参照）ごとにグループ化して用いる方法がある（図 4.4b）。そのためには，種数やバイオマスなどのデータを収集する段階で着目する植物の種形質ごとに測定を行い，各グループに対し回帰分析を行う。たとえば，植物の機能群（生物の機能や性質によって分類された種のグループ）の違いに着目した分け方がある（McGill et al., 2006）。草本群集では，撹乱に対する応答が，一年生／多年生といった植物の生活史（life history）や広葉草本／禾本といった生育型（growth form），形態的特徴や繁殖様式と関連していることが一般的に知られている（McIntyre et al., 1999）。植物の種形質に基づき応答変数をグループ化した回帰分析は多くの研究で適用されており，4.4.4 項の研究事例でも紹介する。

②群集の状態を表す変量
・生態系機能や生態系の安定性を表す

　近年の群集生態学分野では，群集のもつ生態系機能（ecosystem function）や生態系の安定性（ecosystem stability）といった"群集の状態"を評価し，回帰分析の応答変数として用いることで，これらが維持されるメカニズムや規定要因，生物多様性との関係性を解明する研究が試みられている（3.2節参照）。

　「生態系機能」は，生態系内の相互作用による物質の生産・分解・循環に代表されるプロセスのことであり，群集の生産性を表すバイオマスや物質循環を指標する土壌窒素濃度の変化などで表される（Cardinale et al., 2012）。これら生態系機能の"量"や"速度"を応答変数とし，生物多様性（定量化手法は第3章を参照）を説明変数とした回帰分析を適用することで，種多様性の増加にともない生態系機能が向上することが示されている（図 4.4c）。また，特定の生態系機能でなく，群集のもつ複数の生態系機能を「多面的機能（multifunctionality）」（Maestre et al., 2012）として定量化し，応答変数に用いた研究例もある（4.3.3項）。

　生物多様性の増加は，生態系機能だけでなく，「生態系の安定性」にも寄与すると考えられている（Loreau et al., 2002；Tilman et al., 2006）。生態系の安定性とは，生態系機能の量や速度を安定化させる性質のことである（Tilman, 1996）。たとえば，Isbell et al.（2009）は，人為的に種数を操作した草本群集において，群集のバイオマスやアバンダンスの長期的な安定性，すなわち"時間的安定性（temporal stability index）"を評価して応答変数として用いることで，種多様性が高いほど年間の植物バイオマスの変動性が小さくなることを明らかにしている。

　以上のように，植物群集の特性や状態を表す変量を回帰分析の応答変数として活用することで，複雑な生態系の構造やそこにはたらくプロセスの理解を発展させることができる。ただし，植物群集データのもつ情報を要約し，単純化させる過程においては，群集のもつ多くの情報が失われることになる。場合によっては，不適切なデータの要約により抽出された変量を回帰分析に用いることで，意味のない結果や傾向を導き出してしまうこともある。そのため，群集

データを要約する過程においては，明確な作業仮説や科学的根拠による裏づけをふまえた検討や議論が求められる．

4.2.2　説明変数のタイプ

植物群集データを用いた回帰分析では，説明変数として生物的な要因・非生物的な要因（環境要因）ともに扱われる．生物・非生物要因のもつ情報は，何らかの「尺度（scale）」によりデータに値を対応させることで表される．尺度には量的尺度，順序尺度，名義尺度があり，量的尺度は定量的な変数，順序尺度および名義尺度は定性的変数である．回帰分析では，回帰モデルの種類によって扱うことのできる説明変数のタイプが異なっている．以下に説明変数のタイプについて解説する．

量的尺度（quantitative scale）：値の順序にも差にも意味をもつ，定量的に表すことができる数値である．たとえば，環境要因であれば標高や土壌窒素量，生物要因であれば植物のサイズやバイオマスなどが挙げられる．量的尺度はとりうる値によってさらに連続値と離散値に分けられる．古典的な回帰分析である線形回帰では，応答変数・説明変数ともに量的変数のみを扱うことができる．

順序尺度（ordinal scale）：大小関係で位置づけられる数値であり，値の順序は意味をもつが，値の差は意味をもたない．環境の傾度や撹乱の強度において順序づけすることはできるが，定量的に測定することが難しい場合に用いられることが多い．たとえば，乾湿傾度をともなう生態系のタイプ（乾燥／半乾燥／湿潤生態系）や，火災や放牧圧などの撹乱強度の順序（高／中／低あるいは強／中／弱）を便宜的に 1, 2, 3, … などと表すことで用いられる．

名義尺度（nominal scale）：値の順序も差も意味をもたない定性的（質的）なデータである．カテゴリカルデータとも呼ばれる．たとえば，複数の質の異なる環境操作（無処理／窒素の付加／リンの付加）や管理手法（無処理／火入れ／採草）などが挙げられる．また，順序づけできない生態系の質（たとえば，尾根地形／谷地形）などのデータも名義尺度により収集される．

表 4.3 さまざまな尺度によって得られる説明変数データ
標高データの例を示す。

	標高		
量的尺度	815 m	1204 m	2236 m
順序尺度	3	2	1
名義尺度	低	中	高

　名義尺度で得られた説明変数は，回帰分析において0か1の値をとるダミー変数として使われる（Agresti, 1996；藤井，2010）。たとえば，3水準の管理手法（無処理／火入れ／採草）の場合，火入れの有無（0／1）および採草の有無（0／1）という2つの変数を作成することで，無処理（火入れの有無＝0，採草の有無＝0），火入れ（1，0），採草（0，1）として表すことができる。ダミー変数では，このように，カテゴリーの水準の数 −1個分の変数を作成し，すべての水準を0として扱う水準を設けることで，推定を行う変数を節約することができる。

　以上で示したように，データのもつ情報量は量的尺度，順序尺度，名義尺度の順に減少することになる。標高データを例にすると，量的尺度で得られたデータは順序尺度や名義尺度に変換することができるが，名義尺度や順序尺度で得られたデータを量的データに変換することはできない（表 4.3）。説明変数データをどのような尺度で収集するかは説明変数の要因や調査労力によって異なるが，可能な限り情報量の多い尺度で収集することが望まれる。

　次節から，表 4.1 に示した回帰モデルについて，単純なモデルからより複雑なモデルの順に解説する。

4.3　線形回帰

　線形回帰（linear regression model：LM）は最も古典的な回帰分析であり，応答変数―説明変数間の線形関係を検証するモデルである。線形回帰の特徴は，応答変数・説明変数ともに量的変数を扱い，データのばらつきが分散の等しい正規分布（等分散性の正規分布）に従うことを仮定していることである。なお，

正規性を仮定した解析において，説明変数に名義尺度で得られた質的変数を用いる場合の手法は分散分析（analysis of variance: ANOVA）と呼ばれ，回帰分析とは区別されている。本節では，線形回帰について，線形単回帰，線形重回帰の手法およびこれらを用いた研究事例の順に解説する。

4.3.1　線形単回帰

線形単回帰（simple linear regression）は，応答変数 y と，ある1つの説明変数 x_1 間の線形関係を検証する最も単純な回帰モデルである。

$$y = \beta_0 + \beta_1 x_1 + e \tag{4.7}$$

植物群集データを用いた線形単回帰は，主に均質化された実験環境下において，着目する1つの環境要因のみを変化させたときの植物群集の応答の検証に用いられてきた。このような検証は，米国ミネソタ州シーダークリーク（図1.9 参照）における一連の環境操作実験をはじめとして数多く行われている（たとえば，Tilman and Wedin, 1991）。

ここでは線形単回帰の流れについて，土壌窒素量の変化に対する植物バイオマスの応答を検証する例を用いて解説する。貧栄養土壌の試験地において，ある多年生草本の単一群集（monoculture）を設定し，土壌窒素量を 0～900 (mg·kg^{-1}) の範囲内で変化させた施肥処理を行い，2年後の地上部バイオマスを測定したとする。土壌窒素量と得られたバイオマスデータを散布図に表すと，土壌窒素量が高いほど，バイオマスが単調増加する正の線形関係が成り立つように見える（図 4.5a）。では，実際にそのような関係が成り立つか，線形単回帰を適用して検証する。バイオマス—土壌窒素量間の関係を回帰式で表すと，

$$\text{バイオマスの期待値} = \beta_0 + \beta_1 \times \text{土壌窒素量}$$

となる。線形単回帰におけるパラメータ推定は，応答変数のばらつきが等分散性の正規分布に従うことを仮定していることから「最小二乗法（least square method）」により行われる。最小二乗法によるパラメータ推定は，観測データに最も当てはまりのよい β_0 および β_1 を見つけるものである（Sokal and Rohlf,

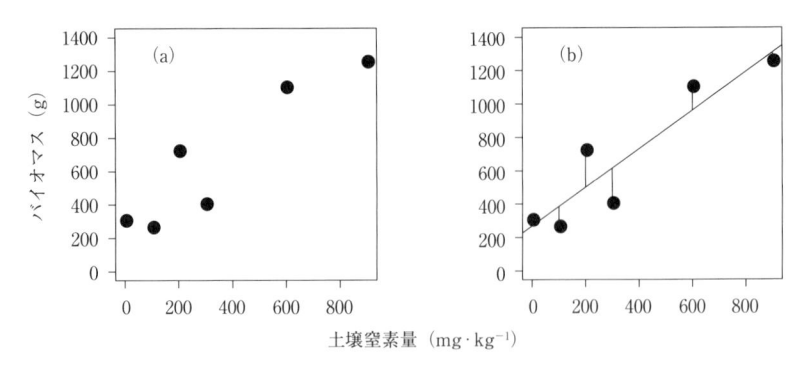

図 4.5 草本群集の植物バイオマス—土壌窒素量の関係
(a) 散布図，(b) 最小二乗法により推定された線形単回帰直線と残差（垂直線）

1995）。最小二乗法については Box 4.1 を参照してほしい。バイオマス—土壌窒素量の例では，最小二乗法により，

$$\text{バイオマスの期待値} = 267.2 + 1.2 \times \text{土壌窒素量}$$

と推定された（図 4.5b）。推定された回帰式を読み解くと，土壌窒素量が一単位増加するとバイオマスが 1.2 倍ずつ増加することがわかる。

最小二乗法により推定された回帰式が意味のある回帰であるかどうか，つまり回帰の有意性は，傾き β_1 が有意に 0 から異なるかどうかにより検定される（市原，1990）。さらに，決定係数（coefficient of determination：R^2）により推定された回帰式の観測データに対する当てはまりのよさが検討される場合が多い（Box 4.1）。図 4.5b の回帰式では R^2 値は 0.85 であった。なお，野外観測により得られたデータでは，環境要因の不均一性や植物種の個体差などさまざまな要因の影響によりデータのばらつきがもたらされるため，R^2 値は低い値を示すことが多い。

植物群集データを用いた線形単回帰は，上述の例のような単純化した環境下における群集の生産性の推定などに用いられてきた。しかし，近年の群集生態学では，複数の環境要因や生物間相互作用が複雑に関与する生態的なプロセスを扱う研究が主流となり，線形単回帰が適用される例は少なくなっている。一方で，群集の特性や状態といった，複雑な情報を表す変量を応答変数とした線

形単回帰を適用することで,複雑な生態的プロセスの中に単純なパターンを見出す研究も行われている (4.3.3 項)。

● Box 4.1 ●
最小二乗法と決定係数

　最小二乗法は,観測データに当てはまりのよいパラメータ値を見つける方法である。観測により得られた N 個の点すべてについて,観測値 $y_i (i=1, 2, \cdots, N)$ と回帰直線上の推定値 Y_i との差(回帰残差)を求める。回帰残差とは,図 4.5b でいえば,黒丸で表された"ある土壌窒素量におけるバイオマスの観測値"から"回帰直線"の間に垂直に引いた実線の長さにあたる。最小二乗法は,この残差の二乗和,

$$残差^2 = (y_i - Y_i)^2 = (y_i - (\beta_0 + \beta_1 x_{1i}))^2 \tag{1}$$

を算出し,残差の 2 乗をすべての点について合計した残差平方和が最小になるような β_0 および β_1 を最良のものとする基準である。

　推定された回帰式の決定係数 R^2 は,

$$R^2 = \frac{\sum (Y_i - y の平均)}{\sum (y_i - y の平均)} \tag{2}$$

　　y_i : i 番目の y の観測値
　　Y_i : i 番目の y の回帰直線上の値

により算出される。R^2 値は 0〜1 の値をとり,観測データに対する当てはまりがよい,つまり観測値が回帰直線上に並ぶように近づくほど 1 に近づく。

4.3.2　線形重回帰

　線形重回帰 (multiple linear regression) は,2 つ以上の説明変数をもつ線形回帰モデルである。

$$y = \beta_0 + \beta_1 x_1 + \beta_2 x_2 + \cdots + e \tag{4.8}$$

線形重回帰における β_0 は回帰定数,$\beta_1, \beta_2, \cdots$ は偏回帰係数と呼ばれる。説明変数間に交互作用がはたらく場合,回帰式における説明変数は積 $x_1 \times x_2$ の形で表される。交互作用とは,ある説明変数の効果が他の説明変数の値によって異なる作用である。たとえば,群集の生産性に光と土壌水分量の 2 つの環境要因

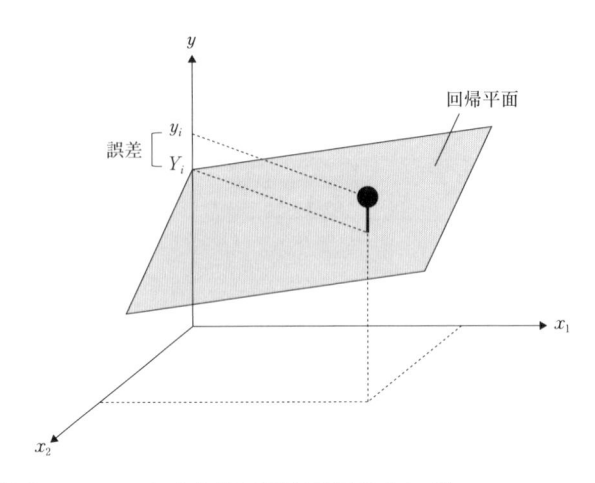

図 4.6　重回帰（$y=\beta_0+\beta_1 x_1+\beta_2 x_2$）における最小二乗法のイメージ
説明変数により回帰平面が作られ，応答変数から回帰平面への回帰残差（Y_i-y_i）が求められる。

が与える影響を考えたとき，土壌水分量の変化に対する生産性の応答が光条件によって異なれば，説明変数間に交互作用があるといえる。植物群集データを用いた線形重回帰は，主に群集の応答について複数の環境要因の中から規定要因を抽出する目的で用いられてきた（たとえば，Tilman, 1996）。

線形重回帰におけるパラメータ推定は，線形単回帰と同様に最小二乗法により行われる。線形重回帰における最小二乗法では，説明変数の数に応じて回帰平面（説明変数が3つ以上のときには超回帰平面）が作られる（図4.6）。次いで，観測値 y_i から回帰平面上の値 Y_i に対する残差を算出し，残差平方和が最小になるような回帰定数および偏回帰係数を求める（Sokal and Rohlf, 1995）。ここで推定された偏回帰係数 $\beta_1, \beta_2, \cdots$ の値は，各説明変数 $x_1, x_2, \cdots$ の測定範囲やスケールに依存している。たとえば，土壌窒素量を説明変数とするとき，mg単位で表したデータとg単位で表したデータを用いた場合では，偏回帰係数の値が1000倍異なることになる。そのため，偏回帰係数から応答変数 y に対する各説明変数の相対的な重要性を評価するには，説明変数間の単位の違いを「標準化（standardization）」により調整した上で回帰に用いる必要がある。標準化とは，データを［（各変数のデータ）−（各変数の平均値）］／［標準偏差］の

形にし，平均が0，分散が1の形に変換することである．標準化したデータをもとに推定された係数は「標準化偏回帰係数」と呼ばれる．

線形重回帰における決定係数は，説明変数の数が増加するほど自由度が大きくなることで R^2 値が高くなり，見かけ上の当てはまりがよくなる傾向がある．このような欠点を改善したものが自由度調整済み決定係数，

$$\widehat{R^2} = 1 - \frac{n-1}{n-k-1}(1-R^2) \tag{4.9}$$

である．決定係数（Box 4.1，式2）をデータ数 n と自由度（説明変数の数 k）で補正することで，説明変数の増加により自由度が大きくなることにペナルティを与えている．

・多重共線性

複数の説明変数を扱う重回帰では，説明変数間に強い相関関係がはたらくことで生じる多重共線性（multicollinearity）を考慮する必要がある．重回帰では，説明変数を多くするほど見かけの予測精度が向上しやすくなる現象（過剰適合）が生じる．しかし，説明変数間に強い相関がある場合，応答変数に対する説明変数の効果が重なり合うことで影響がないように見えてしまい，説明変数の係数がデータのごくわずかな違いで大きく変化するなど，パラメータ推定の精度が低下することがある．このような説明変数の多重共線性は，植物群集データの解析においてもよく指摘される問題である（Graham, 2003）．説明変数間の多重共線性を確認するには，回帰を行う前に，まず説明変数同士の散布図を作成し，変数間の相関を調べることが重要である．多重共線性を定量的に評価する指標の1つに分散拡大係数（variance inflation factor：VIF）がある．VIFは，ある j 番目の説明変数を他のすべての説明変数で回帰したときの決定係数を R^2 としたとき，

$$\text{VIF}_j = \frac{1}{1-R_j^2} \tag{4.10}$$

により算出される．これにより，説明変数間の重相関係数に基づいて係数の推定値の標準誤差を評価している．VIFが10以上の値をとるときに，説明変数間に多重共線性が存在すると経験的に判断されている（Montgomery and Peck, 1992）．

説明変数間の多重共線性を回避する方法として，多重共線性を示す説明変数のどちらかを除外する方法，および説明変数の情報を要約して用いる方法がある。前者は，観測したすべての要因を説明変数として用いるのではなく，相関の強い変数のうちいずれか一方を除いて回帰を行う方法である。後者は，相関が強い複数の変数を，主成分分析（PCA）や主座標分析（PCoA）などの序列化手法（2.3節参照）により情報を要約して用いる方法であり，観測したすべての要因を説明変数として扱いたい場合に有用である。この方法では，主成分化された軸のうち説明力の高い主要な軸を選んで説明変数として用いることで情報が失われる可能性があり，注意が必要である（2.3節参照）。後者の手法を用いた回帰分析を適用した研究事例については4.5.3項で紹介する。

4.3.3　線形回帰を用いた研究事例

まず，群集間の種組成の類似性を応答変数とした線形単回帰により，湿地の再生事業による植生の回復パターンを検証した研究例（Meyer *et al.*, 2010）を紹介する。この研究では，アメリカ・ネブラスカ州の河畔湿地において，再生事業を実施してからの経過年数が異なる6つの再生湿地および3つの自然湿地を対象に，3年間植生調査を行った。自然湿地における種組成の被度データの平均を比較対象（リファレンス）として，各再生湿地とのパーセンテージ類似度（2.2節参照）を算出し，この類似度を応答変数，再生後の経過年数を説明変数として線形単回帰を適用した。結果，経過年数にともない類似度が単調増加する，正の線形関係が示された（図4.7）。このことより，再生事業からの経過年数にともない，再生湿地の種組成が自然湿地の種組成に近づくことが示されている。この研究例のように，種組成データを要約した変量を回帰分析の応答変数として用いることで，植生変化や植生回復のパターン，その規定要因を検証することができる。

次に，発展的ではあるが，植物群集のもつ生態系の多面的機能（4.2.1節）を応答変数とした線形回帰を適用した研究例（Soliveres *et al.*, 2014）を紹介する。この研究では，全球的な乾燥地の草原生態系（16カ国224サイト）を対象として，近年乾燥草原で進行している木本植物（主に灌木）の侵入（shrub encroachment）にともなう生物多様性の低下が，生態系の多面的機能に与える影

4.3 線形回帰

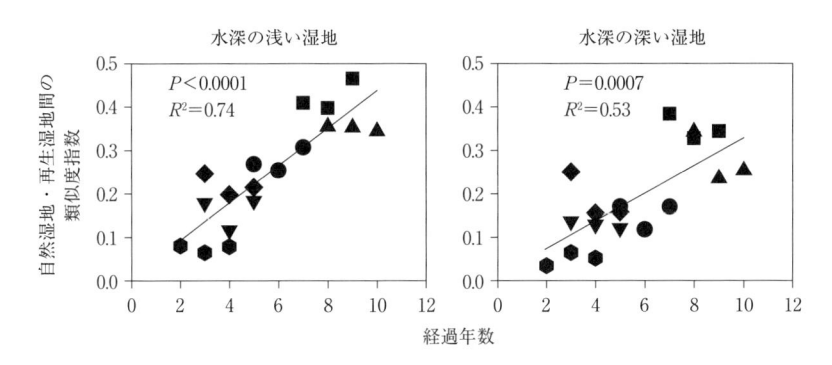

図4.7 アメリカの湿地における，再生事業からの経過年数にともなう植生回復程度（類似度指数）の線形単回帰による検証結果
推定された回帰式の傾きにおける P 値および回帰式の R^2 値を示す。Meyer *et al.*（2010）を改変。

響を検証した。多面的機能の指数として，乾燥地の生態系機能を指標する14の土壌変数（たとえば，土壌炭素，窒素，リン）の標準化した値の平均を算出した。解析では，多面的機能指数を応答変数，相対森林被覆率（RWC）を説明変数とした回帰を，3つの生態系（湿潤乾燥地，半乾燥地，乾燥地生態系）ごとに適用し，線形回帰および二次回帰の比較を行った。結果，生態系の多面的機能は相対木本被覆率に対して，比較的湿潤な生態系では正の線形関係，半乾燥地生態系では一山型関係，乾燥生態系では負の線形関係を示すことがわかった（図4.8）。生物多様性―生態系機能間の正の関係性を検証した一連の先行研究（3.2節参照）では，生態系機能の量や速度を応答変数，生物多様性（種数）を説明変数とした回帰が適用されてきた（図4.4c）。このような回帰では，種数が生態系機能の量や速度を直接的に規定する原因と考えているわけではなく，種数に代替あるいは反映される構成種の機能形質や，その多様性などを介して生態系機能の応答が生じると考えられている。このような生態的なプロセスやメカニズムを内包したモデルの構築により，複雑なメカニズムを説明できる生態学理論を発展させることができる。

最後に，線形重回帰の適用例として，塩性湿地において植物種多様性の規定要因を複数の環境要因の中から抽出した研究を紹介する（Gough *et al.*, 1994）。ここでは，アメリカ・メキシコ湾に位置する淡水，汽水，塩水域をまたぐ36の

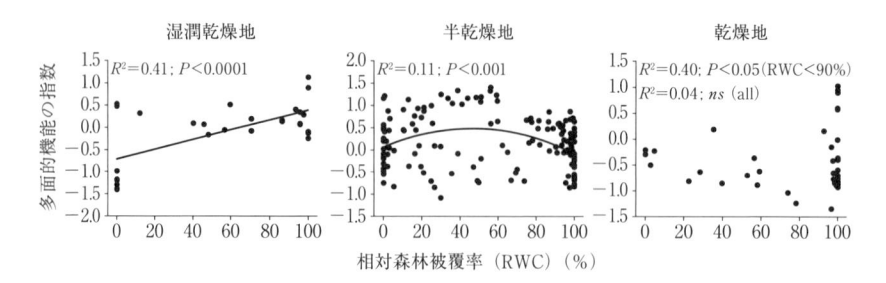

図4.8 全球的な乾燥地草原における生態系の多面的機能指数と森林拡大(相対樹木被覆率:RWC, %)の関係の線形回帰あるいは二次回帰による検証結果

推定された回帰式,回帰式の傾きにおける P 値および回帰式の R^2 値を示している。Soliveres et al. (2014) を改変。

塩性湿地群集を対象に,地上部バイオマスおよび3つの環境要因(海抜,塩性タイプ,土壌有機物量)が群集の種数に与える影響を検証するために,次の重回帰,

$$種数 = \beta_0 + \beta_1 \times バイオマス + \beta_2 \times 海抜 + \beta_3 \times 塩性タイプ + \beta_4 \times 土壌有機物量$$

海抜:低=1, 中=2, 高=3

塩性タイプ:淡水=1, 中間=2, 汽水=3, 塩水=4

を適用している。ここでは海抜および塩性タイプデータをモデルに組み込むために,順序尺度の値が用いられている。最小二乗法により推定された回帰式は,

$$種数 = -3.90 - 0.001 \times バイオマス + 3.10 \times 海抜 + 0.51 \times 塩性タイプ + 0.05 \times 土壌有機物量$$

であった。バイオマスの偏回帰係数は負の値,3つの環境要因の偏回帰係数は正の値であることから,塩性湿地の種多様性の高さは地上部バイオマスよりその他の環境要因(塩性ストレスなど)により規定されることが示されている。

本節で解説した線形回帰は,扱うことのできる変数が厳密には量的変数に限られること,データの正規性を仮定していること,応答変数―説明変数間の線形関係を扱うことなどさまざまな制約をもつ。しかしながら,生物群集から得られるデータの多くは,とりうる値の範囲に上限あるいは下限があるほか,カ

ウントデータでは平均が大きくなるにつればらつき（分散）も大きくなるといった分散の不均一性（不等分散性）を示すなど，実際には正規分布を仮定できない場合が多い。線形回帰では，このような問題に対処するため，応答変数の変数変換により不等分散性を改善し正規分布に近づけるといった対策がとられている（スネデガー・コクラン，1972；市原，1990）。一方で，データの変数変換による正規性の仮定は，モデルの検出力低下や結果の解釈の困難さを招くといった問題点も指摘されている（たとえば，Warton and Hui, 2011）。次節で紹介する一般化線形モデルでは，正規分布以外の確率分布を適用することで，これらの問題に対処することができる。

本節で解説した線形回帰については市原（1990）や Jongman et al. (1995)，Rにより線形回帰を行う手法については Crawley（2008）や Qian（2011）などに詳しく解説されている。

4.4　一般化線形モデル

　一般化線形モデル（generalized linear model：GLM）は，線形回帰を拡張して統一的な枠組みのもとで扱えるようにした手法であり，近年の回帰分析における主流となっている。GLM では，線形回帰を基盤として誤差構造とリンク関数という要素を加えることで，正規分布以外の確率分布を扱うことができるとともに，応答変数と説明変数の関係性を調整することで，さまざまなタイプの応答変数や説明変数データを回帰分析に適用することが可能となっている（粕谷，2012；久保，2012）。植物群集データの解析においても，GLM の発展と普及にともない，個体数や種数といったばらつきの大きいカウントデータや種の在・不在といったカテゴリカルデータなど，さまざまな変量を回帰分析の応答変数として用いることができるようになった。以下に，GLM の構成，GLM におけるパラメータ推定，モデル選択，およびこれらを用いた研究事例の順に解説する。

4.4.1　GLM の構成

　GLM は，応答変数・説明変数に加え，リンク関数および誤差構造という 2 つ

の構成要素をもち,

$$\text{リンク関数}(y\text{の期待値}) = \beta_0+\beta_1 x_1+\beta_2 x_2+\cdots+e \qquad (4.11)$$

として表される。関係式の右辺である説明変数の一次式は「線形予測子」と呼ばれる。

「誤差構造」は,応答変数のデータのばらつき(残差,誤差)を表現する役割をもつ。線形回帰では,応答変数データのばらつきが等分散性の正規分布に従うことを仮定するが,GLM では正規分布以外のさまざまな確率分布を選択することで,データに合ったばらつきを表現できる。植物群集データにおいてよく用いられる確率分布は,二項分布,ポアソン分布,ガンマ分布などである(表4.2)。

「リンク関数」は,説明変数と応答変数の関係性を変化させる役割をもつ。線形回帰では応答変数―説明変数間の線形関係を扱うが,GLM では応答変数を変数変換することなしに,リンク関数により応答変数―説明変数間の関係性を変えることができる。リンク関数の種類として,恒等リンク(identity link),対数リンク(log ling),ロジットリンク(logit link)などがある。代表的なリンク関数における応答変数―説明変数間の関係性は,

恒等リンク関数の場合:y の期待値 $= \beta_0+\beta_1 x_1+\beta_2 x_2+\cdots$

対数リンク関数の場合:$\log(y\text{の期待値}) = \beta_0+\beta_1 x_1+\beta_2 x_2+\cdots$

ロジットリンク関数の場合:$\log\left\{\dfrac{y\text{の期待値}}{(1-y\text{の期待値})}\right\} = \beta_0+\beta_1 x_1+\beta_2 x_2+\cdots$

となる。恒等リンク関数では,y の期待値が線形予測子($\beta_0+\beta_1 x_1+\beta_2 x_2+\cdots$)と等しく,線形回帰モデルとなる。対数リンク関数では,y の期待値 $=\exp(\beta_0+\beta_1 x_1+\beta_2 x_2+\cdots)$ と変形でき,線形予測子の値にかかわらず,応答変数は正の値をとる。ロジットリンク関数では,y の期待値 $=1/\{1+\exp(-\beta_0+\beta_1 x_1+\beta_2 x_2+\cdots)\}$ と変形でき,線形予測子の値にかかわらず,応答変数の期待値は 0 と 1 の間の値をとる。このような数学的性質から,主要な確率分布型において都合のよいリンク関数が正準リンク関数として挙げられている(表4.4)。GLM では,観測データに応じて線形予測子,誤差構造,リンク関数を選択することで回帰モデルを特定する。

表 4.4　主要な確率分布に対応する正準リンク関数

確率分布	正規分布	ポアソン分布	二項分布	ガンマ分布
リンク関数	恒等リンク	対数リンク	ロジットリンク	逆数リンク

4.4.2　GLMにおけるパラメータ推定

GLMでは，まず得られた応答変数データに応じて確率分布を選択する．主要な植物群集データと対応する確率分布は表4.2で示したとおりである．次いで，確率分布のパラメータを観測データに基づいて推定する．GLMにおけるパラメータ推定は「最尤推定法（maximum likelihood estimation）」により行われる．最尤推定法におけるパラメータ推定は，観測データが最も得られやすい $\beta_0, \beta_1, \beta_2, \cdots$ を見つけることである．ここから，植物群集データの解析において主要な確率分布（ポアソン分布，二項分布）を用いたGLMを例に，最尤推定の流れを解説する．

(1) 種数データを用いたポアソン回帰

種数や個体数といった0以上の離散値（カウントデータ）を応答変数にもつ場合，誤差構造にポアソン分布を用いたGLM（ポアソン回帰）を適用できる．ここでは，種数を応答変数，名義尺度で得られた変量を説明変数としたGLMを例に，ポアソン分布のパラメータ推定の流れを解説する．人為的な管理により維持されている半自然草原において，管理手法の違いが草本群集の種多様性に与える影響を検証する．管理手法（火入れ／火入れ＋採草）の異なる草原サイトをそれぞれ3つ設定し，各サイトに20コドラート（1m四方）を設置して，出現する植物種数を記録したとする．観測された種数を管理手法ごとに図示すると，図4.9aのようになる．このような図は箱ひげ図（boxplot）と呼ばれ，量的変数—量的変数の関係性を表す散布図に対して，量的変数—質的変数の関係性を表す場合に用いられる．この図では，草原群集の種数は火入れサイトより火入れ＋採草サイトで高いように見える．

誤差構造としてポアソン分布を，リンク関数として対数リンクを用いたGLMを適用し，最尤法によりパラメータ推定を行う．ここで，種数の平均（期待値）を λ とすると，λ は，

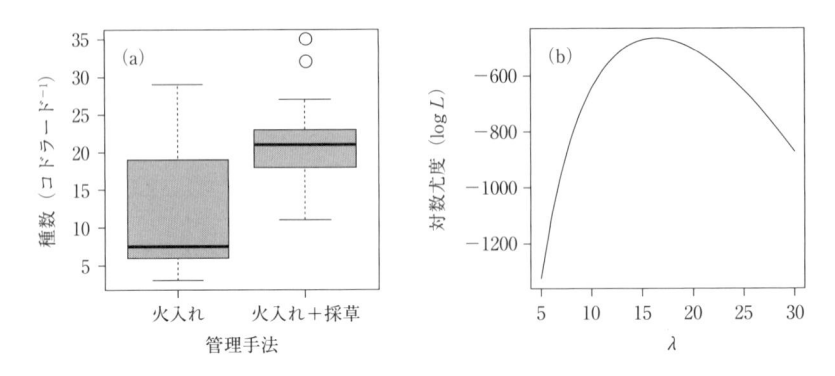

図 4.9　草本群集の種数に管理手法が与える影響のポアソン分布を用いた GLM による検証結果
(a) 管理手法ごとの植物種数を表す箱ひげ図。箱の中央太線が中央値，箱（灰色）の上・下の線がそれぞれ四分位数（データ全体の最小値から 25% および 75% にあたる値）を示す．(b) 平均種数 λ を変化させたときのポアソン分布における観測データの対数尤度を示す．

$$\log(\lambda) = \beta_0 + \beta_1 \times 管理手法$$
$$\lambda = \exp(\beta_0 + \beta_1 \times 管理手法)$$

と表現でき，パラメータ λ は β_0 と β_1 の関数として扱うことができる．なお，説明変数が名義尺度の場合，GLM ではダミー変数を作成して使われる（4.2.2 節）．この例では，2 水準の管理手法に対し，火入れ＝0，火入れ＋採草＝1 として扱うことにする．種数の平均（期待値）が λ のときに種数 y となる確率は，ポアソン分布に従い，

$$P(y|\lambda) = \frac{(\exp(\beta_0 + \beta_1 管理手法))^y \exp(-(\exp(\beta_0 + \beta_1 管理手法)))}{y!}$$

(4.12)

と表される（式 4.4）．このように確率分布では，あるパラメータ値 (λ) において観測データが得られる確率を求めることができる（4.2.1 項）．最尤法によるパラメータ推定では，このことを利用し，観測データが得られる確率を最大化させるパラメータを特定する．最尤法によるパラメータ推定については Box 4.2 を参照してほしい．

　種数データを用いた例での推定結果を表 4.5 に示す．表 4.5 に示している Z 値は Wald 統計量と呼ばれる値であり，［係数の推定値］/［推定値の標準誤差］

● Box 4.2 ●
最尤推定法によるパラメータ推定

　最尤推定法は，確率分布を用いて観測データが得られる確率を最大化させるパラメータの値を推定する方法である．確率分布では，パラメータの値を与えることで確率分布の形が決まり，分布の形から各観測データが得られる確率を求めることができる（図4.2）．あるパラメータの値において観測データが得られる確率を尤度（likelihood：L）と呼ぶ．尤度 L は，パラメータの平均（期待値）を λ とするとき，すべてのサンプル i について y_i をとりうる確率 $P(y_i|\lambda)$ の積，

$$L(\lambda) = p(y_1|\lambda) \times p(y_2|\lambda) \times p(y_3|\lambda) \times p(y_4|\lambda) \cdots \times p(y_i|\lambda)$$

で求められる．積で表されるのは，$p(y_1|\lambda)$ かつ $p(y_2|\lambda)$ かつ … と，観測データ N 個の事象が同時に生じることを意味するためである．最尤法では，尤度を対数変換した対数尤度 $\log L$ を最大化させる λ を見つけることで，観測されたデータが最も得られやすい事象の確率を特定する．

(1) ポアソン分布におけるパラメータ推定

　種数データを用いたポアソン回帰の例では，種数の平均（期待値）が λ のときに種数が y である確率（式4.12）を用いて対数尤度を算出する．

$$\log L(\lambda) = \log L(\beta_0, \beta_1) = \sum \log \frac{(\beta_0 + \beta_1 管理手法)^y \exp(-(\beta_0 + \beta_1 管理手法))}{y!}$$

種数の平均 λ を 5～30 まで変化させたときの対数尤度の変化を表したのが図4.9b である．この例での最大対数尤度は，

$$\log L(\lambda) = \log L(\beta_0 = 2.48, \beta_1 = 0.54) = -403.0$$

となる．

(2) 二項分布におけるパラメータ推定

　希少種の在・不在データにロジスティック回帰を適用した例では，出現確率 q のとき希少種 A が 30 地点のうち y 個の地点で在となる確率（式4.13）を用いて対数尤度を算出する．

$$\log L(q) = \log L(\beta_0, \beta_1, \beta_2, \beta_3) = \sum \{\log(_{30}C_y) + y \times \log(q) + (30-y) \times \log(1-q)\}$$

(1) と同様，対数尤度が最大となるときの $\beta_0, \beta_1, \beta_2, \beta_3$ を求める．

　最尤推定法については蓑谷（2009）などに詳しく解説されている．

表 4.5 草原群集の種数に対する管理手法の影響をポアソン分布・対数リンク関数を用いた GLM により検証した推定結果
管理手法はダミー変数として使われ，火入れ管理を 0，火入れ＋採草管理を 1 として扱っている。

	係数の推定値	標準誤差	Z 値	P 値
切片項	2.48	0.04	63.17	<0.001
管理手法（火入れ＋採草）	0.54	0.05	10.99	<0.001

で算出される。最尤法では，サンプルサイズが大きいときにパラメータの最尤推定値が正規分布することに基づき，パラメータの区間推定を行うことができる。ここでは，Z 値をもとに Wald 信頼区間が構成され，ある値の範囲（たとえば，95% 信頼区間）にパラメータの最尤推定値がどれだけの確率で入るか（P 値）が求められる（Dobson and Barnett, 2008；久保，2012）。得られた推定値から各管理手法における草本群集の平均種数を確認すると，

$$火入れサイト：\exp(2.48+0\times0.54) = 11.9$$
$$火入れ＋採草サイト：\exp(2.48+1\times0.54) = 20.5$$

となる。このように，種数データにポアソン分布を用いた GLM を適用することにより，実際のデータの特徴にあわせた種数の推定や，さまざまな尺度で得られた説明変数をモデルに導入することができる。

(2) 種の在・不在データを用いたロジスティック回帰

植物群集データを用いた回帰分析では，ある種の在・不在や実生の生・死といった名義尺度で得られたカテゴリカルデータを応答変数として扱いたい場合があるだろう。これらのデータは，事象のありを 1，なしを 0 とする二値データに変換することで，GLM の応答変数として用いることができる（Agresti, 1996）。種子の発芽率や実生の生存率といった割合データにおいても，種子数や実生数が既知の場合には，同様の二値データと見なして用いることができる。このような二値データには，誤差構造として二項分布を，リンク関数としてロジットリンク関数を用いた GLM（ロジスティック回帰）を適用できる。

ここでは，希少種の在・不在データを応答変数としたロジスティック回帰を

例に，二項分布のパラメータ推定の流れを解説する。希少種のような稀にしか出現しない種の情報は，しばしばある地点に対象種が存在するかどうかの在・不在データとして蓄積される。ある希少種 A の分布に開発が与える影響を検証するため，開発地からの距離 (0, 2, 4, 8, 12 km) に沿ってそれぞれ 10 サイトを設置し，各サイトの 30 地点において，希少種 A の在・不在を記録したとする。これらのデータに対し，希少種 A の在・不在を応答変数，開発地からの距離，土壌条件（湿潤／乾燥）およびこれらの交互作用を説明変数としたロジスティック回帰を適用する。なお，土壌条件は乾燥＝0，湿潤＝1 としたダミー変数を作成して用いる。

二項分布におけるパラメータは生起確率 q であり（4.2.1 項），ここでは希少種 A の出現確率である。ロジスティック回帰では，リンク関数がロジットリンクであることより，出現確率 q と線形予測子の関係は，

$$\mathrm{logit}\, q = \log\left(\frac{q_i}{1-q_i}\right) = \beta_0 + \beta_1\,距離 + \beta_2\,土壌条件 + \beta_3\,距離 \times 土壌条件$$

$$q = \frac{1}{1+\exp(-(\beta_0 + \beta_1\,距離 + \beta_2\,土壌条件 + \beta_3\,距離 \times 土壌条件))}$$

として表すことができる。式からわかるとおり，$0 \le q \le 1$ であり，線形予測子の値が小さくなるほど q は 0 に近づき，大きくなるほど 1 に近づく（図 4.10a）。出現確率が q のときに，希少種 A が 30 地点のうち y 個の地点で在となる確率は，二項分布に従い，

$P(y|30, q)$

$$= {}_{30}\mathrm{C}_y \left(\frac{1}{1+\exp(-(\beta_0 + \beta_1\,距離 + \beta_2 \times 土壌条件 + \beta_3\,距離 \times 土壌条件))}\right)^y$$

$$\left\{1 - \frac{1}{1+\exp(-(\beta_0 + \beta_1\,距離 + \beta_2 \times 土壌条件 + \beta_3\,距離 \times 土壌条件))}\right\}^{30-y}$$

(4.13)

と表される（式 4.5）。これをもとに，観測データが得られる確率が最大となる出現確率 q を，最尤推定法により特定する（Box 4.2）。

最尤推定法により推定された回帰式は，

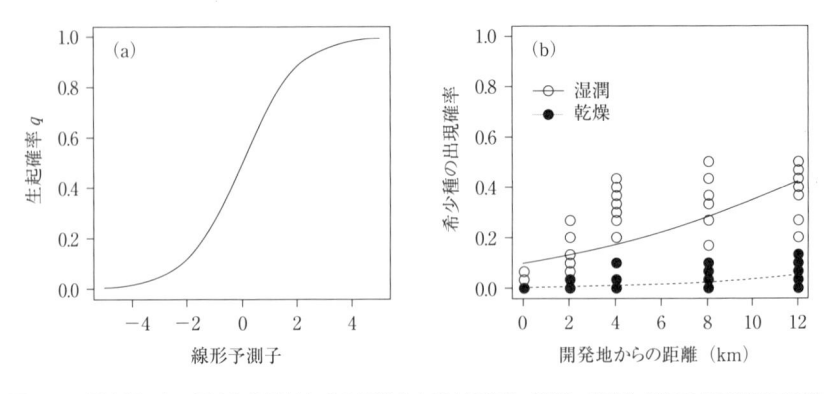

図4.10 希少種の在・不在に開発地からの距離および土壌条件（湿潤・乾燥）が与える影響の二項分布を用いた GLM による検証結果
(a) ロジスティック回帰における線形予測子の値の変化にともなう生起確率 q の変化．(b) 土壌条件ごとに推定された開発地からの距離にともなう希少種の出現確率の回帰式

$$q = \frac{1}{1+\exp(-(-5.0+0.16\times 距離 +2.8\times 土壌条件))}$$

となる（図4.10b）．この結果から，希少種 A の出現確率は，開発地からの距離が遠いほど高く，また湿潤土壌において乾燥土壌より高いことがわかる．なお，この例では2つの説明変数（開発地からの距離と土壌条件）の交互作用項（β_3）の有意性は示されなかった．

このように，種の在・不在データに二項分布を用いた GLM を適用することで，環境傾度や撹乱強度に沿った種の空間分布を推定することができる．種の在・不在データを用いた希少種の分布推定は，種の保全や個体群の将来予測，生態系管理においても重要な知見を提供している．

4.4.3 AIC 基準によるモデル選択

回帰分析では，説明変数の数や組み合わせを変えることで複数のモデルを構築することができる．回帰モデルの構築においては，仮説に基づいて着目した説明変数からモデルを構築し，仮説を検証する方法（hypothesis-driven approach）と，観測データからさまざまなモデルを構築し，探索的に最良モデルを選択する方法（data-driven approach）がある（Mellert *et al.*, 2011; Wildi,

2013)。いずれの方法でも，複数の回帰モデルの中から何らかの基準で最良モデルを選択する必要がある。ここでは，モデル選択基準としてよく用いられる赤池情報量基準（Akaike Information Criterion: AIC）を紹介する。AIC は，モデルの観測データへの当てはまりのよさよりも予測のよさを重視しており，予測の最適化を最尤法の枠組みで定式化したものである。AIC は，

$$\text{AIC} = -2\times(\text{最大対数尤度}) + 2\times(\text{最尤推定したパラメータ数}) \quad (4.14)$$

により算出され（Akaike, 1973），AIC が最小となるモデルが予測力の高いモデルを示している（Burnham and Anderson, 2002）。回帰モデルでは，説明変数の数が増加するほどモデルの観測データへの当てはまりがよくなる一方，モデルの予測力は低下する傾向がある（4.3.2 項）。そのため，モデルにパラメータを 1 つ追加するごとに 2 を付加することで，最大対数尤度に対してパラメータ数増加のペナルティを与えている。AIC によるモデル選択を用いた研究事例は 4.4.4 項および 4.5.3 項で紹介する。

4.4.4 GLM を用いた研究事例

まず，高山植物群集を対象に標高傾度にともなう種多様性の応答パターンを検証するために，種形質ごとにグループ化した応答変数を GLM に適用した研究例（Bruun *et al.*, 2006）を紹介する。北極域の高山植物群集では，局所的な種多様性が中程度の標高域で最も高くなる "一山型（unimodal or hump-shaped relationship）" の変化パターンを標高傾度で示すことが予想される。これは，環境条件が穏やかな低標高域では生物間の競争関係が強くはたらき，高標高域では種プール（局所群集に種を供給する群集）が小さくなることにより種数が低く抑えられるためである。この研究では，標高傾度（森林限界〜山頂）に沿って調査区を設定し，高山植物群集の代表的な機能群（常緑，落葉性灌木，広葉草本，禾本など）ごとの種数を測定した。解析では，各機能群に対し，種数を応答変数，標高および微地形を説明変数とし，ポアソン分布および対数リンク関数を用いた GLM を適用した。結果，全種の種数は標高傾度に沿って一山型の変化パターンを示す一方，種の機能群によって変化パターンが異なることがわかった（図 4.11）。とくに，広葉草本・禾本の種数は標高傾度にともない一

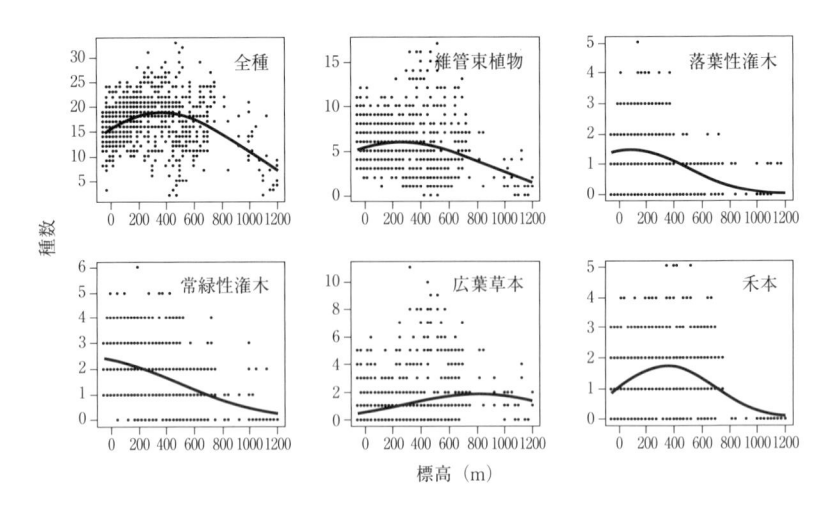

図 4.11　北極域の高山帯における標高傾度にともなう植物機能群ごとの種数変化パターンを GLM により検証した結果
太線は推定された回帰式を示す．なお，標高は森林限界を 0 m とした値で表されている．Bruun et al. (2006) を改変．

山型の分布を示すのに対し，常緑・落葉性灌木の種数は単調に減少する傾向を示した．この研究では，植物群集の応答を機能群ごとに検証することで，群集全体として見られる"中程度標高域における高い生物多様性"のパターンが，機能群ごとの異なる応答に起因するという生態的なプロセスを見出している．

次いで，AIC モデル選択を用いた仮説検証により，植物—植物間相互作用に系統関係の多様性が与える影響を明らかにした研究例（Castillo et al., 2010）を紹介する．メキシコの半乾燥地生態系に発達する植生パッチでは，サボテン科（*Neubuxbaumia mezcalaensis*）の実生定着は，植生パッチ内のナース植物（看護植物）と呼ばれる保護機能をもつ植物のもとで促進されることが知られている．一方，植物—植物間ではたらく競争関係は，系統的距離が近いときに弱くなると考えられる．この研究では，多様な種により構成される植生パッチでサボテン科の播種実験を行い，種の定着における植物—植物間相互作用の相対的重要性を検証した．サボテン科の種子発芽の有無および実生の生死を応答変数，サボテン科との 3 タイプ（ナース植物，最も近くにいる種，植生パッチの全種）の系統的距離を説明変数とし，二項分布を用いた GLM を適用した．AIC

表 4.6 メキシコの植生パッチにおけるサボテン科の種子定着および実生生存に与える近隣植物の系統的距離の影響を GLM により検証した結果
太字で表す AIC 最小モデルが最良モデルとなる。Castillo et al. (2010) を改変。

回帰モデルの変数	AIC（発芽）	AIC（生存）
切片＋PDnur＋PDrel＋PDpat	238.9	123.4
切片＋PDnur＋PDrel	236.9	121.5
切片＋PDnur	**235.0**	119.7
切片（一定モデル）	237.5	**119.2**
切片＋PDrel	237.1	120.2
切片＋PDpat	237.6	119.8
切片＋PDnur＋PDpat	237.0	121.5
切片＋PDrel＋PDpat	238.6	121.8

PDnur：ナース植物，PDrel：最近接の植物種，PDpat：すべての植物種とサボテン科間の系統的距離

モデル選択の結果，種子発芽においてはナース植物との系統的距離のみを説明変数としたモデル，実生生存においては切片項のみのモデルが AIC 最小の最良モデルとなった（表 4.6）。種子発芽に関する最良モデルでは，ナース植物との系統的距離にかかる係数が正の値となり，系統的距離が遠いほど発芽率が高くなることが示された。この研究では，複数種が共存する植生パッチの成立にはたらく植物―植物種間の進化的な関係性の重要性を，モデル選択による仮説検証から明らかにしている。

本節で解説した GLM および最尤推定法については Dobson and Barnett (2008) や Hoffmann (2003)，R で GLM を行う手法については Crawley (2008)，粕谷 (2012)，久保 (2012) などで詳しく学ぶことができる。

4.5 一般化線形混合モデル

GLM の普及により，さまざまな植物群集データに対してデータの特徴に合った確率分布を適用し，回帰分析を行うことが可能となった。一方で，観測データは説明変数として抽出した要因以外のさまざまな要因の影響を受けてばらつくため，GLM の当てはまりが悪くなる場合がある。本節では，説明変数以外の要因による影響をランダム効果として組み込むことができる一般化線形混合モデル（Generalized linear mixed model: GLMM）について解説する。さら

に，節末において，より拡張的な回帰分析である一般化加法モデルおよび階層ベイズモデルについて概説する（Box 4.3, Box 4.4）。

4.5.1 過大分散データ

野外観測により得られたデータにおいては，データのばらつきが大きいことにより，観測された現象のパターンを GLM ではうまく説明できない場合がある（久保，2012）。とくに，カウントデータに適用されるポアソン分布や二項分布では，データの分散（ばらつき）は平均によって決められるが（4.2.1 節），観測データではこれら確率分布で予測されるよりばらつきが大きくなる場合が多い。このような現象は「過大分散（over-dispersion）」と呼ばれる。過大分散が起こる原因の1つに，説明変数として抽出した要因以外のさまざまな未観測要因による影響を受けて観測データがばらつくことが挙げられる。統計モデルでは，説明変数として扱う要因の影響を「固定効果（fixed effect）」と呼ぶのに対し，このような未観測の要因や，既知であっても説明変数として扱わない要因の影響を「ランダム効果（random effect）」もしくは「混合効果」と呼ぶ。植物群集データは多くの場合，観測年や場所，種や個体の違いといった多くのランダム効果の影響を受けている。たとえば，複数年を通して継続的に得られたデータは，降水量などの気象条件の年差による影響を受けるだろう。また，野外調査においてできるだけ均質な環境を設定しようとしても，地形要因や周辺環境の違いなど，さまざまな場所の違い（ブロック差）による影響を含んでしまう。このようなデータの過大分散に対処するには，ランダム効果を組み込むことができる GLMM を適用する必要がある。

なお，データに過大分散が生じるもう1つの原因として，観測する事象が滅多に起こらないことによりデータがゼロを多く含む場合（ゼロ過剰データ）がある。ゼロ過剰データは，広域スケールで収集された希少種の種数や実生の発芽数データなど，生態学データにおいてもよく観察される。ゼロ過剰データでは，誤差構造に負の二項分布（negative binomial distribution）やゼロ過剰モデル（zero-infrated model）が適用される（Hoffmann, 2003; Zeileis *et al.*, 2008）。

4.5.2 一般化線形混合モデル

GLMM は，ランダム効果によるデータのばらつきを GLM に組み込むことで，説明変数の効果の推定の誤りを減らすものである（Zuur et al., 2009）。GLMM は，

$$\text{リンク関数}(y \text{の期待値}) = \beta_0 + \beta_1 x_1 + \cdots + \gamma_i \tag{4.15}$$

あるいは

$$\text{リンク関数}(y \text{の期待値}) = \{\beta_0 \times (1+\gamma_i)\} + \beta_1 x_1 + \cdots \tag{4.16}$$

γ_i：ランダム項

として表される。式 4.15 はランダム効果が切片項に入る場合，式 4.16 は説明変数項に入る場合である。年，場所，種，個体などの $i(i=1, 2, \cdots)$ ごとにランダム項 γ_i を推定することで，データの過剰なばらつき分をこの変数に吸収させることができる（粕谷，2012）。ランダム効果の変数 γ_i は確率分布により推定され，とくに平均 0，分散 σ^2 の正規分布に従うと仮定した確率密度 $P(\gamma_i|0, \sigma^2)$ が用いられる場合が多い。固定効果となる説明変数が［リンク関数 (y の期待値)］（式 4.15 の左辺）の平均（期待値）および分散に影響するのに対し，ランダム効果は平均を 0 とすることで分散のみに影響することになる（久保・粕谷，2006；久保，2007）。

GLMM におけるパラメータ推定では，ランダム効果の変数 γ_i を含むことで最尤法による尤度の推定が複雑になる。ポアソン回帰を例に考えると，GLMM での尤度はポアソン分布の確率密度関数 $p(y|\lambda = \beta_0, \beta_1, \gamma_i)$ とランダム効果の変数の確率密度 $P(\gamma_i|0, \sigma^2)$ をかけて γ_i で積分することで算出される。γ_i で積分することにより，年，場所などの i ごとに $P(\gamma_i|0, \sigma^2)$ で重みづけをした上で，期待値を推定することになる。

具体的に，過分散の種数データを用いて，種数 y にある環境要因 x が与える影響を検証する例を考えてみよう。3 つの調査サイトにそれぞれ 4 つのコドラートを設定し，各コドラートにおいて植物種数および環境要因 x を測定したとする。これらのデータに対し，ポアソン分布および対数リンク関数を用いた GLM を適用すると，環境要因 x の増加にともない種数が増加する正の関係が

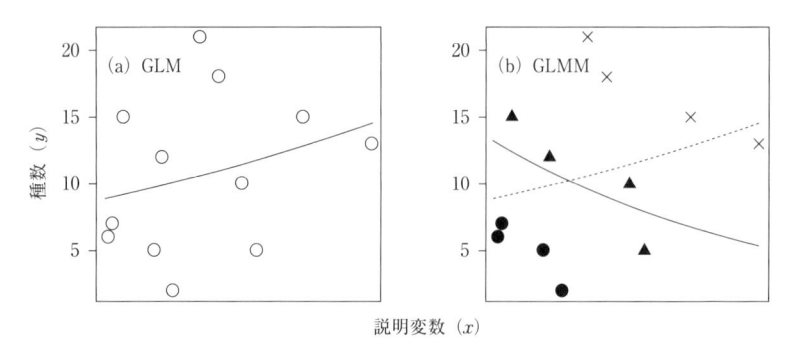

図 4.12　過分散の種数データを用いた (a) GLM および (b) GLMM による検証結果
(b) の記号の違いはサイトの違いを示す。

示される (図 4.12a)。次いで, サイトの違い ($i=1, 2, 3$) をランダム変数として組み込んだ GLMM を適用する。GLMM では, サイトごとにランダム効果にあたる誤差分を推定する (式 4.15) ことで, 種数が環境要因 x と負の関係にあることが示される (図 4.12b)。このように, サイトの違いをランダム効果として組み込んだ GLMM では, 場所の違いによる影響を考慮した上で種数に対する環境要因 x の影響を推定することができる。

　GLMM では, このようにランダム効果を除外した上で, 着目したい要因による影響を検証することができる。回帰モデルにランダム効果を導入することのもう 1 つの利点として, 推定するパラメータの数を減らせることがある。ある要因を固定効果として扱う場合には, パラメータ推定をする必要があり, その分自由度が減ることになる (Bolker *et al.*, 2009)。一方, ランダム効果として扱う場合には, 分散を 1 つ推定するだけで自由度は減少しない。どのような要因を固定効果／ランダム効果として扱うかは研究の目的によって決まるが, 調査デザインを立てる段階から応答変数に影響を与えうる要因を想定し, ランダム効果をモデルに組み込むことで, 回帰による推定の誤りを避けることが重要である (久保, 2012)。

4.5.3　GLMM を用いた研究例

　まず, 孤立草原の植物種多様性を規定する環境要因を検証するために, 草原間の違いをランダム効果として考慮した GLMM 適用の研究例 (Löbel *et al.*,

2006）を紹介する。この研究では，スウェーデン広域に散在する，サイズや孤立性の異なるさまざまな草原パッチに452の調査プロットを設置し，植物機能群ごとの種数を測定した。種数を応答変数，固定効果として局所レベルの環境要因（土壌pH，露岩の面積など），景観レベルの要因（草原パッチの面積および孤立性）を説明変数とし，ポアソン分布および対数リンク関数を用いたGLMMを適用した。ここで，未観測の草原パッチ間の違いをランダム効果として扱うために，調査プロットが属する草原パッチのIDをランダム変数として用いている。結果，孤立草原の種多様性における局所環境要因（土壌pH）の重要性を明らかにしている。この例のように，群集データが測定場所の違いによる影響を受けることが予想される場合には，GLMMの適用が求められる。

次いで，複数の環境要因を主成分化により要約した変量を説明変数として用いることで，水草群集の種多様性における種の分散プロセスと局所的な環境要因の相対的重要性を検証した研究例（Akasaka and Takamura, 2011）を紹介する。この研究では，兵庫県の山間部に位置する上流から下流へと連結する31のため池群において，水生植物種の在・不在データを収集した。応答変数は，浮葉植物および沈水植物それぞれに対するある種の在・不在データである。説明変数は，種の分散プロセス（散布体の水分散）を表す"上流のため池における対象種の在・不在"，PCAによる主成分化（2.3節参照）により抽出されたPC第1軸（ため池の透明度）および第2軸（酸性度）を用いた。これらを用いて，ため池群のIDおよび植物種名をランダム要因とした二項分布のGLMMを適用した。AICモデル選択の結果，浮葉植物の在・不在には散布体の分散およびPC第1軸を説明変数としたモデル，沈水植物の在・不在には散布体の分散，PC第1軸および第2軸を説明変数にもつモデルがAIC最小の最良モデルとなった（表4.7）。これらの結果から，浮葉植物ではその種が上流のため池にいることが水質よりも重要であるのに対し，沈水植物ではその池の水質がより重要であることが示されている。この研究のように，植物群集の応答を規定する要因として相関の強い複数の環境要因を扱いたい場合，環境要因を主成分化して説明変数として用いることは有効な手段である。

最後に，種の定着・侵入成功の規定要因を検証するために，種の違いをランダム効果としたGLMMを適用し，種の傾向の一般化を試みた研究例（Kempel

表 4.7 連結したため池における,水草植物のある種の在・不在に対する種の分散プロセス (OI) および水質 (PC1, PC2) による影響の相対的重要性の検証結果

ロジスティック回帰を用いた GLMM における AIC モデル選択の結果を示す。W_p は説明変数の相対的重要性の評価指数。Akasaka and Takamura (2011) を改変。

モデル	説明変数	係数の推定値	標準誤差	W_p
(a) 浮葉植物				
OI+PC1; AIC=519.60				
	切片	−1.819	0.432	
	OI	0.383	0.100	0.998
	PC1	0.221	0.136	0.556
	PC2	—	—	0.318
OI; AIC=520.05				
	切片	−1.840	0.434	
	OI	0.403	0.099	
	PC1	—	—	
	PC2	—	—	
(b) 沈水植物				
OI+PC1+PC2; AIC=450.49				
	切片	−2.719	0.300	
	OI	0.179	0.088	0.681
	PC1	0.430	0.158	0.927
	PC2	−0.568	0.152	0.990
PC1+PC2; AIC=451.97				
	切片	−2.796	0.324	
	OI	—	—	
	PC1	0.469	0.169	
	PC2	−0.596	0.163	

OI:上流のため池における対象種の在・不在
PC1, PC2:主成分分析により抽出された水質環境を表す 1, 2 軸
W_p:Akaike parameter weight と呼ばれる指数。選択されたモデル内での説明変数の相対的重要度を評価する。

et al., 2013) を紹介する。この研究では,スイスの草原 16 サイトにおいて,土壌撹乱および散布体の導入圧(播種した種子量の違い)を操作した実験系を設定し,48 種の在来種および 45 種の外来種を含む多種導入(播種)実験を行った(図 4.13)。1 年後および 3 年後の各種の定着の有無を応答変数,土壌撹乱と導入圧,そして複数の種形質(たとえば,種子重,被陰耐性,生活史)を説明変数とし,二項分布の GLMM を適用した。GLMM では,種の ID および実験区画をランダム要因としてモデルに組み込んでいる。これにより,在来・外来種を含む草原生種を一般化した結果として,定着成功の規定要因の相対的重要性が,時間(1〜3 年目)にともない散布体の導入圧から種形質に変化することを

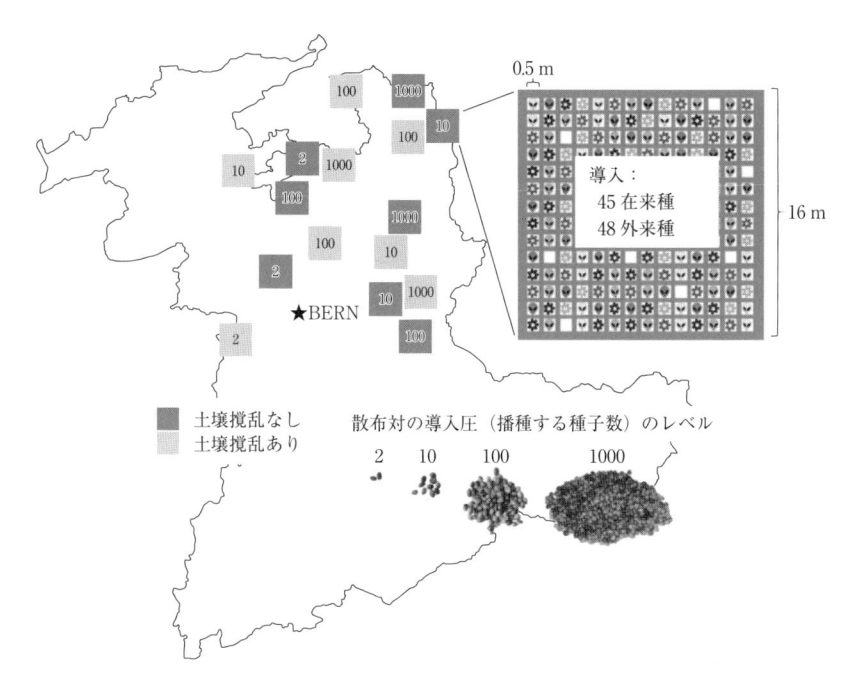

図 4.13 スイスの草本群集における多種導入実験デザイン
土壌攪乱の有無および散布体の導入圧を操作した 16 草原の各サイトにおいて，45 種の在来種と 48 種の外来種の導入（播種）実験を行っている。Kempel et al. (2013) を改変。

明らかにしている。

本節で解説した GLMM については，Zuur et al. (2009)，粕谷 (2012)，久保 (2012) などに R での実行手法とともに解説されている。

● Box 4.3 ●
一般化加法モデル

より拡張的な回帰分析として，応答変数―説明変数間の非線形な関係についても取り扱うことのできる一般化線形加法モデル（Generalized additive model: GAM）がある。GAM では，GLM の線形予測子を loess と呼ばれる平滑化手法を用いたり，スプライン関数と呼ばれる区分的に近似を行う関数の和（加法）の形にした上で回帰を行う（Zuur et al., 2009）。GAM の生態系モデルへの適用については Guisan and Zimmermann (2000)，Guisan et al. (2002)，Austin (2007) など，R により GAM を実行する手法については金 (2007)，Everitt and Hothorn

(2010), Qian (2011) などで学ぶことができる。

● Box 4.4 ●
階層ベイズモデル

近年,生物群集を扱うデータ解析において,長期的・広域的な大規模データを用いた解析が盛んに行われている。このようなデータを扱うには,時間的・空間的なデータのばらつきや環境要因間の関係性,年差や個体差といった,観測していないさまざまな要因の影響を内包した複雑な構造を表現するモデルを構築する必要がある。階層ベイズモデル (hierarchical Bayesian model) は,観測データと非観測データを組み合わせることでパラメータの確率分布を生成し,この確率分布をもとに推測を行うものである。観測していないランダム要因をモデルに組み込んで表現することで,既知の要因による影響を適切に推定することができるとともに,より自由なモデル構造を扱える方法である。

たとえば,イギリスにおいて断片的に集められた 40 万件に及ぶ植物の開花日の記録データを用いて階層ベイズモデルを適用した研究例 (Amano et al., 2010) がある。この研究では,405 種を対象として 250 年間にわたる開花時期変化を表す指数を開発するとともに,推定された開花時期指数から近年の気候変動が開花時期を早めていることを明らかにしている。階層ベイズモデルは,計算機の高速化・大容量化によって可能になった統計手法であり,植物群集データにおいても長期モニタリングデータや広域スケールのデータ解析への活用が期待されている(深澤・角谷, 2009 ; 久保, 2012)。以下に,階層ベイズモデルの流れについて簡単に概説する。

(1) 階層ベイズモデルにおける推定

ベイズの定理における確率は,パラメータがおおよそどのような値をとるかという事前の情報があるとき,データによってその情報を更新する手法である。データ由来の情報が追加されることで更新され「事後分布」を得られる。

$$事後分布 = \frac{尤度 \times 事前分布}{データが得られる確率} \propto 観測データから得られる尤度 \times 事前分布$$

一般化線形モデルでは,データに対する当てはまりのよさが最大になる特定の値をパラメータとして推定する(最尤法)のに対し,ベイズ推定では事前情報を観測データ(の尤度)により更新することで,パラメータの確率分布(事後分布)を推定する。

(2) 事前分布の階層化

事前分布は無情報事前分布と呼ばれる,パラメータの緩やかな変化パターンを表

す分布により事前分布を推定する。

事後分布の推定には，マルコフ連鎖モンテカルロ法（MCMC 法）が用いられる。MCMC 法は，パラメータに任意の初期値を与え，固定するパラメータを変えてサンプリングを繰り返すことで複雑な事後分布を推定する。

階層ベイズモデルについてより深く学びたい場合は，McCarthy（2009）や Gelman（2013）などを参照してほしい。

4.6 構造方程式モデル

植物群集の多様性に影響を与える環境要因として，植物が生育している場所の水分条件および栄養塩の豊富さ，それらの不均質性，さらには人為による撹乱（管理頻度，強度）など，多数のパラメータが挙げられる。植物群集の多様性創出に寄与する環境要因の相対的重要性，そして要因の直接的あるいは間接的な影響の切り分けは，生物群集の成立要因や生物多様性の評価において重要である。

植物群集の多様性に影響を与える環境要因を対象に，仮説モデルを可視化した「パス図」を構築し，それぞれの説明要因がそれぞれの目的要因へどのくらい寄与しているかを明らかにする有効な手段が，構造方程式モデル（SEM）である。本手法は現在も発展しており，さまざまなアプローチが存在する。基本的には，因果関係を想定する回帰分析と相関分析の集合体であると解釈することができる。本項では SEM のうち，生態学で頻出する観測データを用いてパス解析の概要を説明する。

ここでは，植物の種多様性を局所的な環境変数で評価する。それぞれの調査サイトにおいて，調査時の気温，土壌水分量（%），土壌 pH を，多様性（多様度指数 H'）に影響を与えうるパラメータとして収集する。現地調査は，標高 10 m 地点から山頂の 700 m 地点まで分布する森林植物群集で実施し，低標高から高標高までの 15 サイトにおいて，種多様性および局所的な環境要因のデータを収集した（表 4.8）。3 変数（気温，土壌水分量（%），土壌 pH）で表れる環境要因が標高傾度によって変化しているのであれば，標高から間接的に

種多様性を説明できる。逆に，これらの要因が標高もしくは種多様性と相関しないのであれば，標高に従い変化する他の要因が，種多様性に影響を与えていることが予想される。現地調査を実施した山地では，標高傾度（地形要因）にともない，種多様性に傾度が存在し，低標高から標高が上がるにつれ多様度指数 H' は低下する傾向が確認された。「低標高で H' の値が高い」というパターンが検出されたが，この結果だけでは生態学的な解釈は困難である。そこで，低標高ほど H' が高い理由として「H' は土壌水分量が多く，土壌栄養塩の豊富な場所で高い。さらに気温が低い環境に耐性のある植物種が少ないため，高標高，すなわち低気温では H' は低くなるのではないか。」という仮説を立てた。

パス解析ではまず，因果関係のある要因間の関係についてパス図（図4.14）を作成し，仮説を構成するそれぞれのパスについて係数を算出する。それぞれの係数はある要因が他の要因に影響する寄与率を示し，それぞれの因果関係における有意水準は回帰分析で評価する（大垣，2007）。まず，それぞれの環境要因について，山地の標高との関係を明らかにするため単回帰分析を実施する。ここで α を切片，β を説明変数の回帰係数とする。

・ステップ1

（気温）＝$\alpha + \beta_1$*(山の標高) を解析すると，(気温)＝27.463－0.008*(山の標高) で有意な結果となった。パス解析では，山地の標高に対する気温の相対的な寄与率を示す値は標準化偏回帰係数（4.3.2項）を用いる。この値は，－0.986であった。標高が高いほど気温が低いことが明らかとなった。

・ステップ2

（土壌水分）＝$\alpha + \beta_1$*(山の標高) を解析すると，(土壌水分)＝31.315－0.035*(山の標高) で有意な結果となった。単相関係数が標準化偏回帰係数となり，－0.944であった。標高が高くなるにつれ，水分量が減少することが明らかとなった。

・ステップ3

（土壌pH）＝$\alpha + \beta$*(山の標高) を解析すると，(土壌pH)＝5.685－0.001*(山の標高) と算出されたが，有意ではなかった。標準化偏回帰係数は，－0.187であった。本結果から，標高と土壌pHに相関があるとはいえない

4.6 構造方程式モデル

表4.8 調査サイトごとの植物の多様性（H'）と環境変数

サイトID	標高（m）	気温（℃）	土壌水分量（%）	土壌pH	多様度指数（H'）
1	10	27	35	5.5	3.0
2	50	27	30	5.6	2.5
3	100	27	25	5.7	2.6
4	150	26	25	6.1	2.5
5	200	26	30	6.7	3.3
6	250	26	20	4.5	2.0
7	300	25	20	4.5	1.9
8	350	25	15	6.7	1.9
9	400	24	15	4.3	2.0
10	450	24	15	4.8	1.8
11	500	23	15	5.2	1.5
12	550	23	10	4.9	1.1
13	600	23	10	7.1	1.2
14	650	22	10	4.4	1.1
15	700	22	10	5.3	1.1

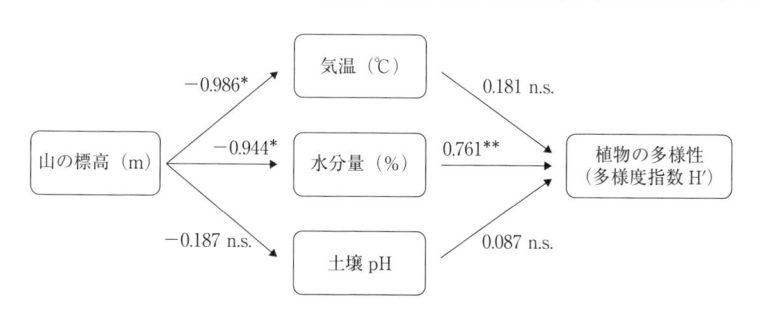

図4.14 植物多様性と環境変数のパス解析結果
* $P < 0.05$, ** $P < 0.01$, n.s. 有意ではない。

ことが明らかとなった。

次に，植物の多様性 H' と調査で収集された局所環境要因（気温，土壌水分量，土壌pH）の関係について解析を実施した。H' を説明する3変数について重回帰分析を実施し，標準化偏回帰係数は重回帰式から求めた。（植物の種多様性 H'）＝$\alpha + \beta_1$*（気温）＋β_2*（土壌水分量）＋β_3*（土壌pH）を解析すると，

(H') ＝ －1.372＋0.071*（気温）＋0.065*（土壌水分量）＋0.068*（土壌 pH） となった。結果から，土壌水分量のみが H' に有意に相関しており，気温と土壌 pH が影響を与えているとはいえないことが明らかとなった。各環境要因の植物の多様性 H' に対する標準化偏回帰係数を算出すると，それぞれ，0.181, 0.761, 0.087 となった。得られたすべての結果を図示すると，図 4.14 のようになる。すべての結果を総合的に解釈すると，山地の標高が低いほど水分量が多くなる傾向にあり，水分条件が多い環境で植物の多様性 H' が高いことが明らかとなった。ここから，山地の標高と植物の多様性 H' の関係には，間接的に水分量が関係することが示唆できる。本解析では，パスごとの有意性を確かめる方法を用いたが，モデル全体の適合度により判断する手法も多く用いられる（涌井，2011）。

　ここで，実際の研究例を紹介する。畦畔草地では，植物多様性が非常に豊富であることが明らかになっており，生物多様性保全の観点から注目が集まりつつある。半自然草地の植物多様性の成立機構の理解には，豊富な多様性を成立させるための人為的要因とそれによって影響を受ける環境要因との関係，多様性とそれらの要因との因果関係についてそれぞれの知見が必要であるが，複雑な因果関係を明らかにした研究例は少ない。以下，観測データから棚田における植物多様性の成立機構を，パス解析を用いた因果解析によって明らかにした Uematsu and Ushimaru（2013）の事例を紹介する。

　まず仮説をもとに得られたすべての観測データを用いて，仮定されるパスモデルを作成する（図 4.15）。この研究ではまず，棚田における地形的特徴が，複数の資源の傾度を作り出し，それぞれの資源量傾度が植物多様性（ここでは種数）に影響するという仮想パスモデルを構築した。具体的には，棚田の構造と施肥・水まわし管理の特徴から，棚田における調査区の位置（ため池からの距離）と調査区の畦畔上の位置（上・下部）が，栄養塩（窒素）量と土壌水分量に影響しているという仮説を立てた。さらに，植物にとって資源となるこの 2 変数が直接的に植物多様性へ影響するパスと，地上部植物バイオマス量の変化を介して間接的に植物多様性へ影響するパスが存在するという仮説を立てた。このとき，仮想パスモデルにはデータに対する説明力が低い，もしくは説明力を低下させるパスも含まれうるため，より説明力が高くシンプルなパスモデル

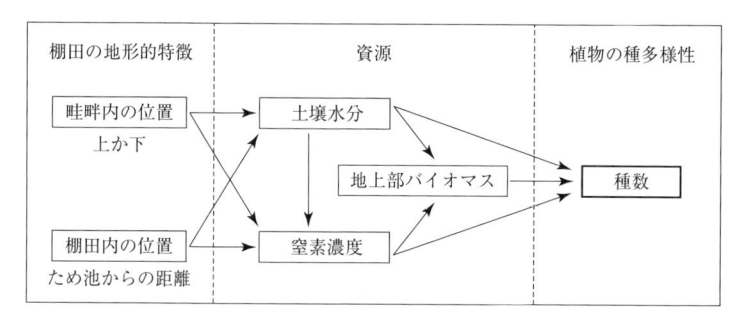

図 4.15 植物多様性に影響を与えるであろう資源とそれに因果の予測される地形的要因について仮説をもとに構築したパス図
Uematsu Y and Ushimaru A (2013) を改変引用。

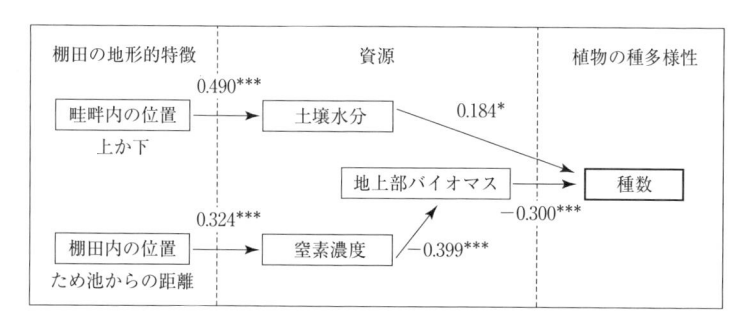

図 4.16 植物多様性―環境要因の結果
＊ $P < 0.05$, ＊＊＊ $P < 0.001$, Uematsu Y and Ushimaru A (2013) を改変引用。

を求める方法がよく用いられる。この論文では、すべての有意でないパスを除き、カイ二乗値に基づきモデル全体の適合度を確かめた後、BIC（Bayesian information criterion）を基準としてモデル選択（4.4.4項）を実施して、最良モデルを選択した（図4.16）。なお、パス解析におけるモデル選択はカイ二乗値やBICだけでなく、GFI（Good fit index）、AIC（Akaike information criterion）を基準とする場合もある。

結果、畦畔の下部ほど土壌水分量が多くなり、その豊富さが直接的に植物多様性を増加させていること、棚田単位では、ため池から遠い畦畔ほど栄養塩量が高いことが明らかとなった。また、富栄養な環境下では地上部植物バイオマスが大きいという一般的な仮説（Kleijn *et al.*, 2009）と異なり、富栄養な場所ほど地上部植物バイオマスが減少することも発見した。このことは、栄養塩量が

高い場所ほど植物の生長量が大きくなり，農家による草刈りの頻度が増加するためであると考えられる。そして，富栄養かつ地上部植物バイオマスが少ない場所ほど，植物の種多様性は高いことが明らかにされている。以上の結果から，棚田の地形的特徴は，資源に関連する異なる変数に影響を与えており，それぞれの変数が直接的もしくは間接的に植物多様性へ影響を与えていることが明らかとなった。

以上のように，観測されたデータから，それぞれの変数間の因果関係に関する仮説をもとにパスモデルを作成し解析することで，それぞれの変数間の関係を明らかにできる。SEMの枠組みは現在も発展しており，非線形（2次式，3次式など）のパスを解析に組み込むこと，ランダム効果（random effect）を組み込むこと，さらには未観測の仮想因子を組み込んだ解析など，より複雑な解析も可能になりつつある。パス解析にかかわる統計量やより発展的な内容は，涌井（2011）やJames B. Graceのホームページ（http://www.jbgrace.com）を参照されたい。

引用文献

Agresti A 著，渡邉裕之・菅波秀規・吉田光宏 他訳（1996）カテゴリカルデータ解析入門，サイエンティスト社

Akaike H (1973) Information theory and an extension of the maximum likelihood principle. In: Petrov BN, Csâki F (eds), *2nd International Symposium on Information Theory*. Akadé mia Kiado

Akasaka M, Takamura N (2011) The relative importance of dispersal and the local environment for species richness in two aquatic plant growth forms. *Oikos*, **120**: 38-46

Amano T, Smithers RJ, Sparks TH, Sutherland WJ (2010) A 250-year index of first flowering dates and its response to temperature changes. *Proceedings of the Royal Society B: Biological Sciences*, **277**: 2451-2457

Austin M (2007) Species distribution models and ecological theory: a critical assessment and some possible new approaches. *Ecological Modelling*, **200**: 1-19

Banks-Leite C, Pardini R, Tambosi LR, *et al*. (2014) Using ecological thresholds to evaluate the costs and benefits of set-asides in a biodiversity hotspot. *Science*, **345**: 1041-1045

Bolker BM, Brooks ME, Clark CJ, *et al*. (2009) Generalized linear mixed models: a practical guide for ecology and evolution. *Trends in Ecology & Evolution*, **24**: 127-135

Bruun HH, Jon M, Virtanen R, *et al*. (2006) Effects of altitude and topography on species richness of vascular plants, bryophytes and lichens in alpine communities. *Journal of Vegetation Science*, **17**: 37-46

Burnham KP, Anderson DR (2002) *Model selection and multimodel inference*. Springer

Cardinale BJ, Duffy JE, Gonzalez A, *et al*. (2012) Biodiversity loss and its impact on humanity. *Nature*,

486: 59-67
Castillo JP, Verdú M, Valiente-Banuet A (2010) Neighborhood phylodiversity affects plant performance. *Ecology*, 91: 3656-3663
Crawley JM 著, 野間口謙太郎・菊池泰樹 訳 (2008) 統計学：R を用いた入門書, 共立出版
Dobson AJ, Barnett AG 著, 田中豊・森川敏彦・山中竹春・富田誠 訳 (2008) 一般化線形モデル入門 原著第 2 版, 共立出版
Everitt BS, Hothorn T 著, 大門貴志・古川俊博・手良向聡 訳 (2010) R による統計解析ハンドブック, メディカルパブリケーションズ
深澤圭太・角谷拓 (2009) 始めよう！ベイズ推定によるデータ解析, 日本生態学会誌, 59：167-170
藤井良宜 著, 金明哲 編 (2010) R で学ぶデータサイエンス 1：カテゴリカルデータ解析, 共立出版
Gelman A, Carlin JB, Stern HS, *et al.* (2013) *Bayesian data analysis, third edition*. CRC Press
Gough L, Grace JB, Taylor KL (1994) The relationship between species richness and community biomass: the importance of environmental variables. *Oikos*, 70: 271-279
Graham MH (2003) Confronting multicollinearity in ecological multiple regression. *Ecology*, 84: 2809-2815
Guisan A, Edwards Jr TC, Hastie T (2002) Generalized linear and generalized additive models in studies of species distributions: setting the scene. *Ecological Modelling*, 157: 89-100
Guisan A, Theurillat JP, Kienast F (1998) Predicting the potential distribution of plant species in an alpine environment. *Journal of Vegetation Science*, 9: 65-74
Guisan A, Zimmermann NE (2000) Predictive habitat distribution models in ecology. *Ecological Modelling*, 135: 147-186
Hoffmann JP (2003) *Generalized linear models: an applied approach*. Pearson Allyn & Bacon
市原清志 (1990) バイオサイエンスの統計学：正しく活用するための実践理論, 南江堂
Isbell FI, Polley HW, Wilsey BJ (2009) Biodiversity, productivity and the temporal stability of productivity: patterns and processes. *Ecology Letters*, 12: 443-451
Jongman RHG, Ter Braak CJF, van Tongeren OFR (1995) *Data analysis in community and landscape ecology*. Cambridge University Press
粕谷英一 (1998) 生物学を学ぶ人のための統計のはなし―きみにも出せる有意差―, 文一総合出版
粕谷英一 著, 金明哲 編 (2012) R で学ぶデータサイエンス 10：一般化線形モデル, 共立出版
加藤和弘 (1995) 生物群集分析のための序列化手法の比較研究, 環境科学会誌, 8: 339-352
Kempel A, Chrobock T, Fischer M, *et al.* (2013) Determinants of plant establishment success in a multispecies introduction experiment with native and alien species. *Proceedings of the National Academy of Sciences*, 110: 12727-12732
金明哲 (2007) R によるデータサイエンス：データ解析の基礎から最新手法まで, 森北出版
Kleijn D, Kohler F, Báldi A, *et al.* (2009) On the relationship between farmland biodiversity and land-use intensity in Europe. *Proceedings of the Royal Society Biological Sciences*, 276: 903-909
久保拓弥 (2007) 階層モデルで「個性」をとらえる―特集：統計科学のすすめ（その 2), 数学セミナー, 46：16-22
久保拓弥 (2012) データ解析のための統計モデリング入門：一般化線形モデル・階層ベイズモデル・MCMC, 岩波書店
久保拓弥・粕谷英一 (2006)「個体差」の統計モデリング, 日本生態学会誌, 56 (2): 181-190
Löbel S, Dengler J, Hobohm C (2006) Species richness of vascular plants, bryophytes and lichens in dry grasslands: the effects of environment, landscape structure and competition. *Folia Geobotanica*, 41: 377-393

Loreau M, Naeem S, Inchausti P (2002) *Biodiversity and ecosystem functioning. Synthesis and Perspectives*. Oxford University Press

Maestre FT, Quero JL, Gotelli NJ, et al. (2012) Plant species richness and ecosystem multifunctionality in global drylands. *Science*, **335**: 214-218

McCarthy MA 著, 野間口謙太郎 訳 (2009) 生態学のためのベイズ法, 共立出版

McGill BJ, Enquist BJ, Weiher E, Westoby M (2006) Rebuilding community ecology from functional traits. *Trends in Ecology & Evolution*, **21**: 178-185

McIntyre S, Lavorel S, Landsberg J, Forbes TDA (1999) Disturbance response in vegetation: towards a global perspective on functional traits. *Journal of Vegetation Science*, **10**: 621-630

Mellert KH, Fensterer V, Küchenhoff H, et al. (2011) Hypothesis-driven species distribution models for tree species in the Bavarian Alps. *Journal of Vegetation Science*, **22**: 635-646

Meyer CK, Whiles MR, Baer SG (2010) Plant community recovery following restoration in temporally variable riparian wetlands. *Restoration Ecology*, **18**: 52-64

粕谷千鳳彦 (2009) これからはじめる統計学, 東京図書

Montgomery DC, Peck EA (1992) *Introduction to Linear Regression Analysis*. Wiley

大垣俊一 (2007) 重回帰, 偏相関, パス解析, *Argonauta*, **13**: 3-23

Qian SS 著, 大森浩二・井上幹生・旗啓生 訳 (2011) 環境科学と生態学のための R 統計, 共立出版

Sasaki T, Okayasu T, Jamsran U, Takeuchi K (2008) Threshold changes in vegetation along a grazing gradient in Mongolian rangelands. *Journal of Ecology*, **96**: 145-154

スネデガー GW・コクラン WG 著, 畑村又好・奥野忠一・津村善郎 訳 (1972) 統計的方法 原著第 6 版, 岩波書店

Sokal RR, Rohlf FJ (1995) *Biometry: the principles and practice of statistics in biological research*. W. H. Freeman; 3rd edition

Soliveres S, Maestre FT, Eldridge DJ, et al. (2014) Plant diversity and ecosystem multifunctionality peak at intermediate levels of woody cover in global drylands. *Global Ecology and Biogeography*, **23**: 1408-1416

Tilman D (1996) Biodiversity: population versus ecosystem stability. *Ecology*, **77**: 350-363

Tilman D, Reich PB, Knops JMH (2006) Biodiversity and ecosystem stability in a decade-long grassland experiment. *Nature*, **441**: 629-632

Tilman D, Wedin D (1991) Plant traits and resource reduction for five grasses growing on a nitrogen gradient. *Ecology* **72**: 685-700

Uematsu Y, Ushimaru A (2013) Topography- and management-mediated resource gradients maintain rare and common plant diversity around paddy terraces. *Ecological Applications*, **23**: 1357-1366

涌井良幸・涌井貞美 (2011) 多変量解析がわかる, 技術評論社

Warton DI, Hui FKC (2011) The arcsine is asinine: the analysis of proportions in ecology. *Ecology*, **92**: 3-10

Wildi O (2013) *Data analysis in vegetation ecology, Second edition*. Wiley-Black Well

Zeileis A, Kleiber C, Jackman S (2008) Regression models for count data in R. *Journal of Statistical Software*, **27**: 1-25

Zuur AF, Ieno EN, Walker NJ, et al. (2009) *Mixed effects models and extensions in ecology with R*. Springer

第5章 植物群集の解析の応用事例

5.1 はじめに

　本章ではこれまでに執筆者が行ってきた研究の中から，第2～4章で解説した手法を応用した事例をいくつか紹介する。いずれの研究も，植物群集の構造と多様性の変容や，群集における種間相互作用を扱っており，生態系の管理・修復から生物多様性の保全への示唆までを含めた内容となっている。以下，生態学的閾値の研究（5.2節），植物―植物間相互作用の研究（5.3節），植物群集を介した植食性昆虫の多様性維持機構の研究（5.4節），絶滅の負債（extinction debt）に関する研究（5.5節）について解説する。

5.2 生態学的閾値の研究

　気候変動や人間活動の影響の増大にともない，さまざまな撹乱に対する生態系の応答は一段と不確実性を増している。撹乱によって生態系が非線形に，ときには不可逆的に変化し，生態系の機能やサービスが著しく劣化する可能性が指摘されている（Millennium Ecosystem Assessment, 2005）。多くの場合，生態系は環境変化に対して徐々に変化する。しかし，突発的な撹乱や自然では想定できないような撹乱が生態系に加わった場合，生態系は臨界点を超えて急激に変化する。一度，生態系の非線形な変化が起こってしまうと，元の状態に戻すことが困難であったり（多大な費用や時間がかかる），そもそも不可能であったりする。ゆえに，生態系を効果的に管理するためには，まず対象とする生態系における撹乱に対する生態系の変化が，線形か非線形かを把握することが必要となる。生態系が撹乱に対して非線形に変化し，その変化に閾値が存在する場合，その閾値を超えるような変化を回避する条件や指標を割り出すことで，

管理に応用することができる。この閾値は，生態学的閾値（ecological threshold）と呼ばれており，撹乱によってある生態系の状態が，他の状態に急激に変化する点や領域とされている（Groffman et al., 2006）。

乾燥・半乾燥地域の草原では，ヒツジ・ヤギ・ウシなどの家畜の過放牧によって，多年生のイネ科草本が優占する草原から，一年生の広葉草本が優占する草原や草本がほとんど生えない裸地にシフトすることが一般的に知られている（Fernandez-Gimenez and Allen-Diaz, 2001; McIntyre and Lavorel, 2001; Diaz et al., 2007; Sasaki et al., 2008）。家畜による嗜好性は多年生イネ科草本で高い一方，一年生の広葉草本では低いため，過放牧によって草原の飼料資源としての価値は著しく劣化する（Sasaki et al., 2012）。

Sasaki et al.（2008）は，モンゴル草原において放牧傾度に沿った植物群集組成の変化を解析し，群集組成の変化が急激に起こりうるかどうかを検証した。モンゴルの気候条件や地形条件の異なる10の調査サイトにおいて，夜間の家畜収容小屋や水飲み場など，放牧の拠点となる場所からの傾度に沿って調査プロットを設置し，植物群集データ（出現種および被度のデータ）を収集した。放牧の強度は放牧の拠点に近いほど高く，遠いほど低くなることから，放牧拠点からの距離を放牧の強度の指標として利用することができる（Fernandez-Gimenez and Allen-Diaz, 2001; Landsberg et al., 2003; Todd, 2006）。

多次元データである種組成データを単純化するため，各サイトにおける放牧傾度に沿った種組成データをDCA（detrended correspondence analysis：2.3節）を用いて序列化した。序列化を用いた種組成データの単純化によって，データがもつ情報が失われる可能性があるため（4.2節），環境傾度に沿った種組成の変化が序列化によって明確にとらえられているかどうかを検証する必要がある。この研究の場合，DCAの第1軸に沿った調査プロットの配列のみが放牧拠点からの距離と相関していたため，第1軸に沿った調査プロットの序列化スコアを種組成の相対的な変化を表す指標として用いた。とりわけ，ある1つの環境要因が種組成に対して非常に強い影響を及ぼす場合には，種組成データの単純化においてDCAは有効であるとされている（Kenkel and Orloci, 1986; Ejrnaes, 2000）。

次に，調査プロットの放牧拠点からの距離（説明変数）とDCAの第一軸ス

コア（応答変数）の関係に対し，線形モデル（線形もしくは対数線形モデル）および非線形モデル（折れ線回帰，逆数，指数モデル）を当てはめ，赤池情報量基準（Akaike's Information Criterion：AIC）によるモデル選択を行った。線形モデル，逆数および指数モデル，折れ線回帰モデルの順に非線形性が強いパターンとなる。とくに，折れ線回帰モデルは閾値を特定することができ，モデルの傾きの変換点（つまり，閾値）を D とし，放牧拠点からの距離（$dist$）が D 以下のとき，

$$\text{DCA の 1 軸スコア} = a + b \times dist \tag{5.1}$$

となり，距離が D より大きいとき，

$$\text{DCA の 1 軸スコア} = a + b \times dist + c \times (dist - D) \tag{5.2}$$

となる。回帰直線が変換点 D で折れた形になることから，折れ線回帰モデルと呼ばれている。

すべてのサイトで非線形モデルが線形モデルに比べてより適合し，放牧傾度に沿った種組成の変化が非線形であることが明らかになった（図5.1：結果は一部を抜粋）。つまりこの結果は，ある一定の放牧強度までは種組成がほとんど変化しないが，その強度を超えると急激に変化することを表している。気候

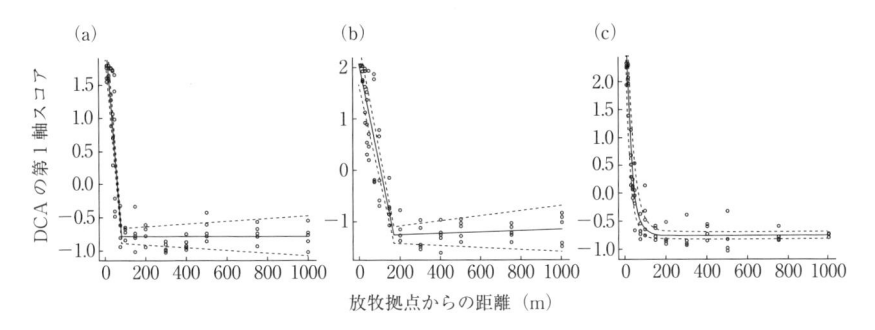

図5.1　モンゴル草原における放牧傾度に沿った植物種組成の非線形な変化
　　　　放牧の強度は放牧の拠点に近いほど高く，遠いほど低くなる。DCA の第1軸スコアと放牧拠点からの距離の関係に，線形モデルおよび非線形モデルを当てはめた。(a) および (b) は折れ線回帰モデルが当てはまったサイト，(c) は指数モデルが当てはまったサイト。Sasaki *et al.*（2008）より結果の一部を抜粋，改変。

条件や地形条件が異なる10の調査サイトで同様の結果が得られたため，研究地域における放牧に対する生態系の応答には，概して生態学的閾値が存在することが示唆された．さらに，放牧傾度に沿った機能群（イネ科多年生草本，イネ科広葉草本，一年生広葉草本など）の変化を解析すると，この閾値に近づくにつれて特定の機能群の被度が急激に減少し始めることがわかった（Sasaki *et al.*, 2011）．家畜放牧の現場で植生状態を継続的にモニタリングすることにより，特定の機能群の被度の減少を早急に察知し，放牧による生態系の非線形な変化を未然に防げる可能性がある．

撹乱に対する生態系の急激な変化に関する報告の多くは，自然と人間社会が複雑に相互作用する，いわゆる人間社会と自然の複合システム（social-ecological system）に集中している（Berkes *et al.*, 2003; Briske *et al.*, 2010）．人間活動の持続性，すなわち生態系の持続的な利用を前提とすれば，生態系の非線形な変化を予測し，未然に回避することは必要不可欠である．本節で紹介した乾燥・半乾燥草原における家畜放牧を中心とした生態系の利用においては，どの程度までであれば放牧利用が許容され，生態系の非線形な変化を未然に防げるのかという知見を，現場での管理につなげることが重要である．また，人為撹乱は自然では想定できないような影響を生態系に与えることが多く，一度生態系が荒廃すると，人間の手を加えないと回復しない場合も少なくない．撹乱に対する生態系の非線形な変化の背景にあるメカニズムの理解を進展させ，適切な生態系修復の方法についても確立させていく必要がある．

5.3 植物—植物間相互作用の研究

野外の植物群集では，多くの場合，複数の種が同所的に生育しており，種は互いに影響を与え合っている．生物間相互作用（biotic interaction）は，環境要因と同様に，群集構造を規定する上で重要な役割を果たす．同所的に生育する植物間では，光，水，栄養塩や空間などの資源をめぐる負の作用「競争（competition）」に加え，ある種が他の種のパフォーマンス（たとえば，発芽，生存，成長，繁殖）を促進させるような正の作用「促進効果（ファシリテーション：facilitation）」がはたらく場合がある（重定・露崎，2008）．1990年代以

降，研究が蓄積され，とくに撹乱地や荒廃地のような厳しい環境条件下において，促進効果が群集形成や種多様性に寄与することが明らかにされている（Callaway, 2007）。植物―植物間ではたらく促進効果は，厳しい環境条件下に環境耐性をもつ種が定着して環境ストレス（たとえば，強光，乾燥，強風）が緩和された微環境が形成され，後続種の定着や生存・成長が促進されることで生じる。たとえば，地中海性気候帯の乾燥地では，マメ科灌木（*Retama sphaerocarpa*）が被陰および土壌栄養塩供給の役割を果たし，灌木樹冠下でのイネ科草本の成長が促進される（Pugnaire *et al.*, 1996）。亜高山帯では，セリ科のクッション植物（*Laretia acaulis* および *Azorella monantha*）と呼ばれるマット状の植物が低温や乾燥を緩和させ，マット上での草本種の夏期生存率を高めている（Cavieres *et al.*, 2007）。同所的に生育する植物種間では，このような正負の作用が同時にはたらいており，環境ストレスの質や強度，植物種の形質や機能群に応じて正負の作用のバランスが変化している。

　植物―植物間相互作用を検証する上で課題となるのが，種間ではたらく正負の作用を直接的に計測することの難しさである。野外の植物群集では，多くの研究において，異なる植物種の同所的な空間分布によって促進効果が見出されてきた。また，実験的な方法として，周辺植生（あるいは特定の種）の除去実験により，周辺植生のある場合・ない場合間で研究対象種のパフォーマンスを比較することで，周辺植生が対象種に与える影響が検証されている。

　本節では，前者の手法を用いて，モンゴル草原に優占する灌木群集を対象に，灌木が草本群集構造に与える影響を回帰分析により検証した研究事例（Koyama *et al.*, 2015）を紹介する。乾燥地生態系では灌木群集が広範囲に分布しており，個々の灌木は周囲に微環境を形成している。モンゴル草原において，砂土の卓越する丘陵地に優占するマメ科灌木（*Caragana microphylla*）では，樹冠下で風食が緩和されることにより砂が堆積し，マウンドが形成される（図5.2）。灌木マウンドは，周囲の草本植物の定着に対し，砂堆積による負の作用とともに被陰による乾燥緩和や種子トラップなどの正の作用をもつことが予想される。一方で，個々の灌木による風食緩和作用は，景観レベルでの灌木の分布密度（あるいは被度）によって変化する（Breshears *et al.*, 2003）。灌木が高被度で分布する群集では，個々の灌木樹冠下だけでなく，灌木と灌木の間

図5.2 モンゴル草原の丘陵地帯において,さまざまな被度で広域に分布するマメ科 (*Caragana microphylla*) の灌木群集
灌木の樹冠下に砂が溜まり,マウンドが発達する。

にまで風食緩和作用が拡大すると考えられる。ここでは,個々の灌木が草本群集構造に与える影響が灌木被度によってどのように変化するかを検証した。

方法として,灌木が低被度・高被度で分布する隣接したペアプロット (20 m ×20 m) を13ペア設置し,各ペアプロットから灌木を5個体ずつ選出した。灌木マウンドが草本植物の分布に与える影響を調べるために,各灌木マウンドの中心からマウンド外に向かって,3 m長のトランセクトラインを放射上に8本設置した。各ライン上に定着している草本個体数を,草本の機能群(一年生広葉草本/多年生広葉草本/多年生禾本)ごとに15 cm間隔でカウントした。これらのデータを用いて,灌木マウンド上およびマウンド外それぞれに対し,以下の一般化線形混合モデル (GLMM;4.5節参照) を構築した。

$$\log(y) = \beta_0 + \beta_1 \text{灌木被度} + \beta_2 \text{距離} + \beta_3 \text{灌木被度} \times \text{距離} + \gamma_i$$

応答変数 y は機能群ごとの草本個体数 ($15\,\mathrm{cm}^{-1}$),説明変数はそれぞれ灌木被度,灌木中心からの距離,およびこれらの交互作用を示している。立地条件の違いを考慮するために,ペアプロットのIDをランダム効果 γ_i として組み込んだ。機能群ごとの草本個体数データは,ゼロを多く含むゼロ過剰データであったため,誤差構造としてゼロ過剰の負の二項 (zero-inflated negative binomial) 分布,リンク関数として対数リンクを適用している。上記のモデルに対

表5.1 一般化線形混合モデルに基づくモデル選択の結果
モデル選択により選ばれた変数のみを示している。

	切片項	灌木被度（高被度）†	灌木からの距離	灌木被度×距離
(a) マウンド上				
一年生広葉草本	−1.98	−1.34	0.14	0.34
多年生広葉草本	−8.75	−1.15	1.26	
多年生禾本	−7.97	−1.05	1.17	
(b) マウンド外				
一年生広葉草本	−0.75	0.39	−0.12	
多年生広葉草本	−3.76	−2.92	0.24	0.35
多年生禾本	−2.34	−1.52	0.04	0.24

† 灌木被度（高被度）の係数は，灌木低被度の係数をゼロとしたダミー変数として扱っている。

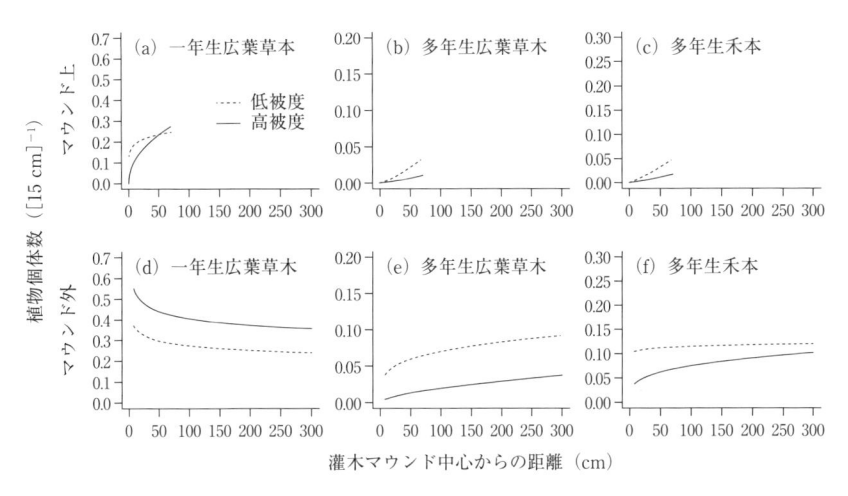

図5.3 灌木中心からの距離にともなう草本機能群ごとの個体密度の変化
灌木の被度によって草本群集の応答が変化する。回帰式は表5.1を参照。

し，AICによるモデル選択を行った。

結果，マウンド上での草本個体密度は，すべての機能群において，高被度の灌木サイトで低被度サイトより低かった（表5.1および図5.3a, b, c）。一方，マウンド外での草本個体密度は，機能群によって灌木被度および灌木からの距離に対し，異なる応答を示すことがわかった（表5.1および図5.3d, e, f）。詳しく見てみると，一年生広葉草本の個体密度は，高被度サイトで低被度サイトより高く，また灌木マウンドから離れるほど低くなった。一方，多年生広葉草

本・禾本の個体密度は,灌木マウンドから離れるほど高くなり,そのような距離に対する応答は高被度サイトで顕著であった。このように,個々の灌木マウンドが草本植物に与える影響は,灌木の被度に依存して草本機能群特異的に変化することが明らかとなった。これらの結果は,さまざまな被度で広範囲に分布する灌木群集が,個々の灌木による多様な微環境の形成を介して,景観レベルでの草本群集の種多様性に寄与することを示唆している。

近年,植物―植物間相互作用に関する知見を,植生回復や生態系管理に応用することが期待されている (Padilla and Pugnaire, 2006; Gómez-Aparicio, 2009)。モンゴル草原を含む乾燥地の草原では,過放牧や気候変動による土地荒廃が進行し,生物多様性や生態系機能の低下が危惧されている。本研究の結果は,乾燥地草原において灌木―草本植物間ではたらく相互作用を,草原管理手法に応用できる可能性を示唆している。一方で,植物―植物間ではたらく相互作用は,気象条件の年変動,着目するスケールや種の違いによって,その質(正・負)や強度が変化する。生態学的知見を生態系管理手法に応用する際には,私たちが観察している現象が,生物・非生物要因を含む複雑なかかわり合いのほんの一面であることを忘れてはならない。

5.4 植物群集を介した植食性昆虫の多様性維持機構の研究

近年の種の絶滅速度は,地球上の歴史から考えて 100〜1000 倍もの速度で進行していることが指摘されている (Pimm *et al.*, 1995)。そのような中で,1992 年に 193 の国家で生物多様性に関する条約 (Convention on Biological Diversity) が締結され,世界的に生物多様性保全に関する気運が高まった。人間は自然環境を利用し,また人間に利用しやすく改変することでそれを持続的に利用してきた。農業生態系に代表されるこのような環境を,半自然生態系 (semi-natural ecosystem) と呼ぶ。たとえば,ヨーロッパの農業生態系における生物多様性の高さや,生物の逃避地としての重要性が多くの論文で報告されている (Kleijn *et al.*, 2011)。しかしながら近年,半自然生態系はエネルギー革命,社会構造の変化などの理由によって土地利用形態の変化にさらされている。1 つの局面は利用が放棄されること (underuse),もう 1 つは生産性を重視

し，集約的に過度に利用すること（overuse）である．それらの変化は生物多様性を減少させる重要な駆動因であると認識されるようになってきた（Sala *et al.*, 2000）．

日本の草地（半自然草原）面積は，1900 年当時でおよそ 500 万 ha 存在していたが，現在では 43 万 ha（国土の約 1％）まで減少していることが推計されている（小椋，2006）．水田周辺には約 14 万 ha の畦畔が存在しているとされ（松村ら，2014），草地面積が急激に減少している昨今において畦畔は草原性生物の多様性維持にとって重要な環境となりうる．近年，水田畦畔に成立する半自然草地は，草原性生物の生物多様性が高い環境であるとの認識が高まりつつある（丑丸，2012；Koyanagi *et al.*, 2014；松村ら，2014；Uchida and Ushimaru, 2014 a）．その一方で水田生態系においても，土地利用形態の変化は急激に進行している．

土地利用ごと，地域ごとの生物多様性の比較検討は長い間なされてきたが，どのような環境が変化することで生物多様性が低下するのか，環境の変化を引き起こす人間活動とは何であるかについての検討は遅れている．

Uchida and Ushimaru（2014 a）は，棚田畦畔に成立する半自然草地を対象とし（図 5.4，口絵 4；Uchida and Ushimaru, 2014 b），植物の種多様性の減少パターンを明らかにすること，さらには植物の種多様性が低下することで，それに

図 5.4 水田畦畔およびため池の堰堤に成立する半自然草原
　　　 植物をはじめとする多くの生物種が生育・生息している．宝塚市西谷で撮影．→口絵 4

依存しているチョウ，直翅類がどのような影響を受けているのかについて考察した。この研究では，人間活動の変化を代表する指標として，畦畔の撹乱動態（草刈り回数）が増減していること，水田周辺の景観構造（二次林，水田の土地利用形態，人工地）が変化していることに注目し，それらの要因が植物および植食性昆虫の多様性を変化させていると仮説を立てた。

現地調査は，兵庫県南東部の5市町（神戸市，三木市，三田市，宝塚市，猪名川町における約20 km×30 km）の31サイト（1サイトにつき4プロットの計124プロット）において2011年と2012年の2年間実施した。それぞれのプロットサイズは5 m×50 m（250 m^2）とし，すべての調査はプロットごとに実施した。調査および解析方法を以下に示す。

・植物調査：生育しているすべての維管束植物の種名を，2011年9～10月にかけて記録した。さらにチョウ（成虫）の資源である虫媒植物の開花量を4月末～9月末まで（年6回）記録した。植物種の生活型ごとに植食性昆虫に与えている影響は異なると予測し，植物を一年生，多年生，木本に分けて解析・考察を実施することとした。

・植食性昆虫調査：チョウにおいては，15分間の観察で種名と個体数を記録し（4月末～9月末まで年6回），直翅類においては，1調査につき200回のスウィーピング（8月中旬と9月下旬の年2回）で定量化した。

・人為活動および周辺環境の調査：生育・生息地に影響すると考えられた草刈り回数（撹乱の有／無）を，4月末～10月上旬までの期間，2週間に1度現地で確認した。周辺環境についてはArcGIS9.3を用いて調査地から半径1 km以内の二次林（アカマツ・コナラ林），水田の土地利用形態（放棄，伝統的，集約的），人工地（居住区，ダム，道路）の面積を定量化し，生物多様性に寄与する景観の変数とした。これらの景観変数は，相関している可能性やすべてを説明変数として用いると煩雑な結果が導かれる可能性があるため，主成分分析（PCA：第2章参照）による序列化を行い，第1軸（Pca 1：二次林の面積と正の関係）および第2軸（Pca 2：人工地および集約的農地の面積と正の関係）のスコアとし，説明変数とした。

・解析方法：土地利用形態（放棄，伝統的，集約的）ごとの種数の差につい

ては，一般化線形混合モデル（GLMM，ポアソン分布，log link 関数：4.5 節参照）で解析した後，Wald 検定により有意差を検証した．植物・植食性昆虫へ与えている環境要因の解析には，得られたそれぞれの変数を GLMM（ポアソン分布，log link 関数）で解析した後，AIC を基準にモデル選択を実施した．以下にモデルの詳細を示す．

$$\text{植物}: \log(\lambda_i) = \beta_1 + \beta_2 X_1 + \beta_3 X_2 + r_1$$
$$\text{チョウ}: \log(\gamma_i) = \beta_1 + \beta_2 Y_1 + \beta_3 Y_2 + \beta_4 Y_3 + \beta_5 Y_4 + r_1$$
$$\text{直翅類}: \log(\varepsilon_i) = \beta_1 + \beta_2 Z_1 + \beta_3 Z_2 + \beta_4 Z_3 + r_1$$

ここで，応答変数である λ_i は植物の機能群ごとの種数（一年生，多年生，木本），γ_i はチョウ種数，ε_i は直翅類種数である．β_i はそれぞれの説明変数の切片，X_i, Y_i, Z_i はそれぞれのモデルの説明変数である．X_1 は草刈りの回数，X_2 は景観変数（Pca 1, 2）である．Y_1 は花の多様性（Simpson's 1/D），Y_2 はチョウの食草の種数，Y_3 は草刈りの回数，Y_4 は景観変数である．Z_1 は植物種数，Z_2 は草刈り回数，Z_3 は景観変数である．r_1 はそれぞれのモデルのランダム効果としてサイトを定義した（1 サイトにつき 4 プロット調査を実施しているため，疑似反復の効果を除く必要がある）．植物における解析の説明変数は表 5.2 に示した．

表 5.2　植物の種数とそれぞれの環境変数との関係
太字は偏回帰係数が信頼区間 95% に 0 を含まない数値．

植物	年	草刈り頻度 一次項	草刈り頻度 二次項	林縁長	景観変数 Pca 1	景観変数 Pca 2	AIC 値 ベストモデル	AIC 値 フルモデル
全種	2011	0.121	−0.032	0.003	0.118		264.7	266.0
	2012	0.108	−0.032	0.003	0.104		250.9	252.5
一年生	2011	0.371	−0.057			0.122	198.6	201.4
	2012	0.386	−0.063			0.120	181.3	184.8
多年生	2011	0.143	−0.038	0.002	0.149		213.4	215.4
	2012	0.106	−0.031	0.002	0.143		209.0	210.9
木本	2011	−0.315		0.014	0.215		257.4	261.1
	2012	−0.005	−0.086	0.011	0.157		233.0	234.2

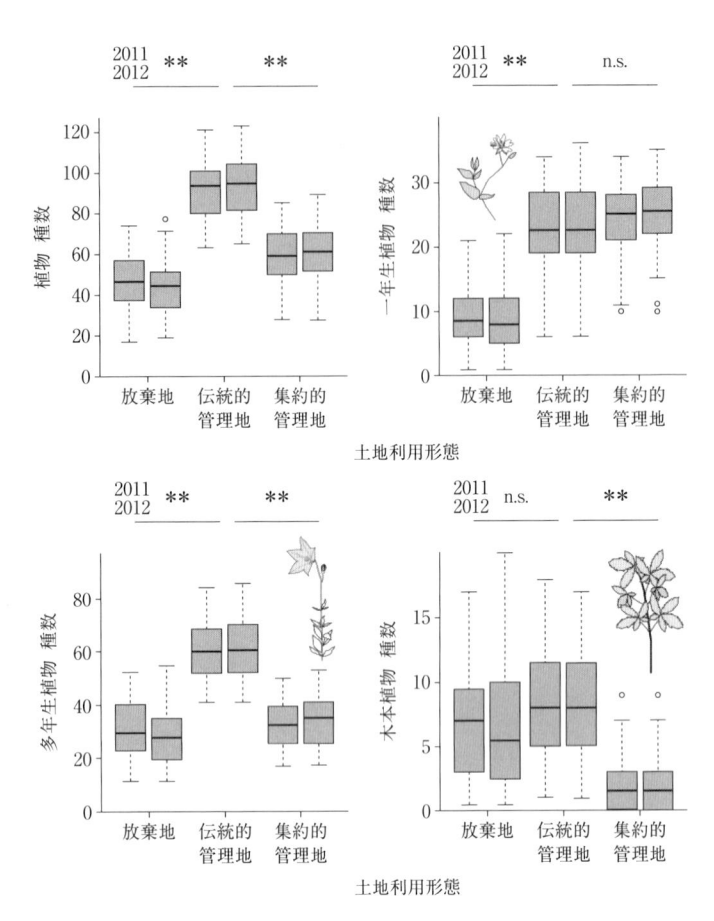

図 5.5　土地利用形態ごとの植物種数
**$P < 0.01$, n.s. 有意差なし。左 box が 2011 年，右 box が 2012 年。

　結果から，植物種数は管理放棄，集約的土地利用で顕著に低かった（図5.5）。植物種数の減少は，多年生植物の種数が減少することに起因することが明らかとなった（図 5.5；多年生植物種数と全植物種数の相関係数 R＝0.97）。多年生植物種数が減少する要因は，人為撹乱（草刈り回数）が管理放棄地では減少すること，集約的では増加すること（表 5.2，図 5.6），さらに生息地周辺の二次林面積が減少すること（Pca 1 の値が減少すること）が要因であった（表 5.2）。草刈りが 4 月末〜10 月上旬までの間に 1〜2 回実施され

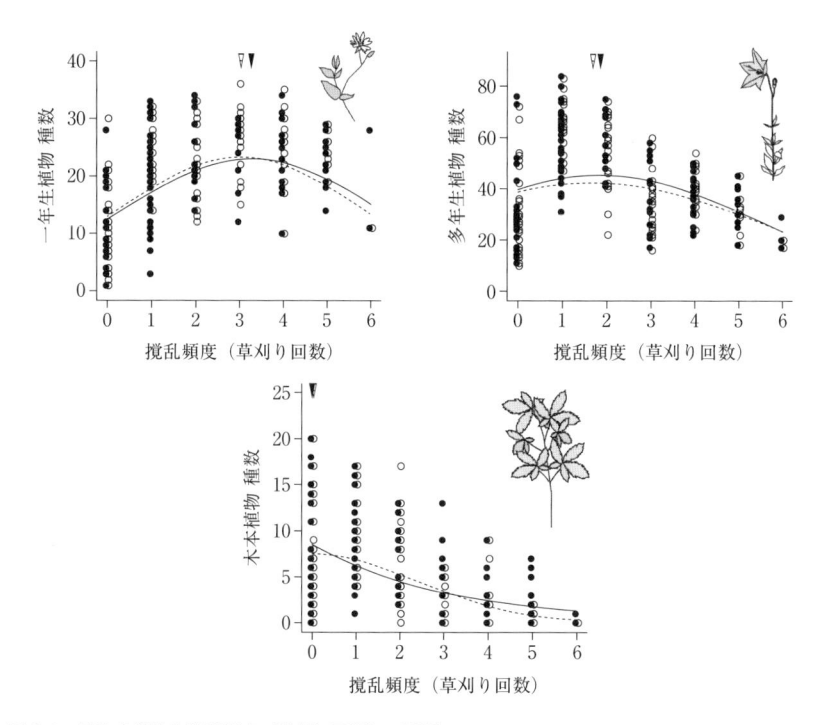

図 5.6 植物多様性と攪乱頻度（草刈り回数）の関係
実線は 2011 年，破線は 2012 年の結果を示す。白丸は 2011 年，黒丸は 2012 年のデータ。黒および白の逆三角形は，種数が最大になると推定された草刈り回数を示す。GLMM の結果，表 5.2 に基づいて図示した。

ることが多年生植物の種数を最大にすること，すなわち植物種数が最大になる人為管理であることが明らかとなった（図 5.6）。

農業生態系において農地の辺縁部の半自然草原に成立する植物群集は，ポリネータやそれらを資源としている生物にとって重要な資源であり（Öckinger and Smith, 2007），チョウおよびバッタ類などの上位消費者群集の生息基盤として重要であることが，近年明らかになりつつある（Kleijn et al., 2011）。植物多様性の減少は，それを利用する消費者群集に大きな影響を与える可能性があり，研究の結果からも（図 5.7），植物の種多様性の減少を通じて植食性昆虫の種多様性が減少していることが明らかとなった。

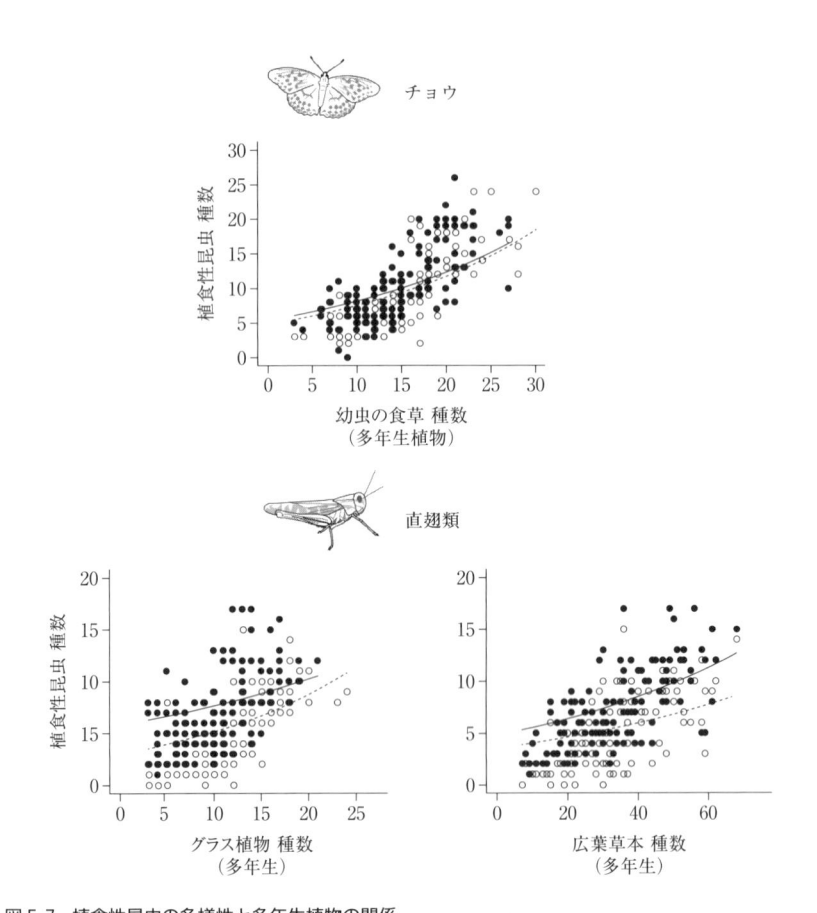

図 5.7　植食性昆虫の多様性と多年生植物の関係
　実線は 2011 年，破線は 2012 年の結果を示す。白丸は 2011 年，黒丸は 2012 年のデータ。GLMM の結果。

　畦畔草地において生産者群集を保全することは，第一次消費者群集を保全することになり，さらに高次の群集を保全することにつながるであろう。植物の多様性が消費者群集に与える影響に関する研究は世界的に増加する傾向にあり（たとえば，Joern, 2005; Tscharntke *et al.*, 2005; Poyry *et al.*, 2009; Kleijn *et al.*, 2011），日本の半自然草原でもさらなる研究が期待される。半自然生態系を対象とした生物多様性保全の研究が広まることで，研究者ならびにこれから研究を始める方々が興味をもち，1 種でも多くの種を保全できる環境の維持につな

がることを期待する。

5.5 絶滅の負債に関する研究

　生物の種多様性は，生息地の面積や連結性などの景観構造上の特徴によって左右され，生息地面積が大きいほど，種多様性は高くなると考えられる（図5.8a）。人間活動にともなう生息地の消失により，さまざまな生態系で種多様性の低下が深刻化しているが，日本の里山景観においてとくにその影響が顕著なのが，定期的な人為的管理（草刈りや火入れ）のもとで維持されてきた草原生態系である。里山の半自然草原（人為的撹乱条件下で維持される草原という意味で，二次草地とも呼ばれる）は，かつて田畑の肥料や農耕牛馬の飼料，さまざまな用材の供給源として活用されてきた。しかし，戦後の生活および生産活動の変化にともなって，里山の半自然草原はその利用価値を失い，畑地や住宅地へと転換された一方で，管理放棄されて樹林化した場所も少なくない（図5.9）。結果として，かつては「普通に」見られていた秋の七草（キキョウ，オミナエシ等）をはじめとする数々の草原性の動植物が，地域的な絶滅の危機に瀕している。

　里山における半自然草原の消失は，草原性植物の種多様性に対して，将来的にどの程度の影響を及ぼしうるのだろうか。現在，草原性の絶滅危惧植物が生育しているような限られた生育地をすべて保全していけば，草原性植物の種多様性を維持していくことが可能なのだろうか。それとも，積極的に生育地の再生を行う必要があるのだろうか。この疑問に答える上で重要なのが，「絶滅の負債（extinction debt）」という考え方である（Kuussaari *et al.*, 2009）。海外の研究事例から，草原性植物の生育地面積が減少してから実際に種多様性が低下するまでには，長いタイムラグが存在する場合があることが明らかにされている（たとえば，Lindborg and Eriksson, 2004）。このとき，過去の生育地の消失にともなって将来的に生じるであろう種数や個体数の減少量のことを，絶滅の負債と呼ぶ（Tilman *et al.*, 1994：図5.10）。つまり，絶滅の負債が存在するということは，現状維持では種多様性を維持することが難しいということであり，将来起こりうる種の地域的な絶滅を防ぐためには，生育地の積極的な再生が必

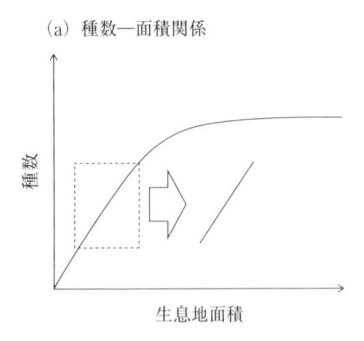

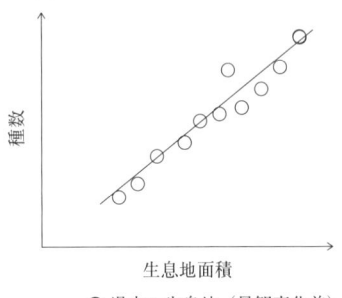

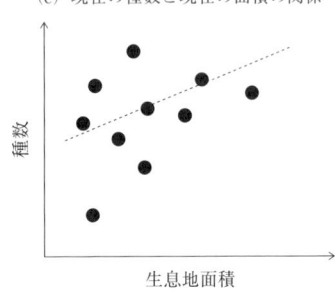

188　第5章　植物群集の解析の応用事例

図5.8　種数—面積関係 (a) の考え方に基づく絶滅の負債の検出方法 (b, c)
　　　現在の種多様性が，現在ではなく過去の生育地面積とより強い正の関係性を示す場合，絶滅の負債が存在すると考えられる。

図5.9　かつての採草地に由来する管理放棄された雑木林（茨城県つくば市）
　　　道路沿いの草刈りによって，林縁部のみ草原的な環境が維持されている。

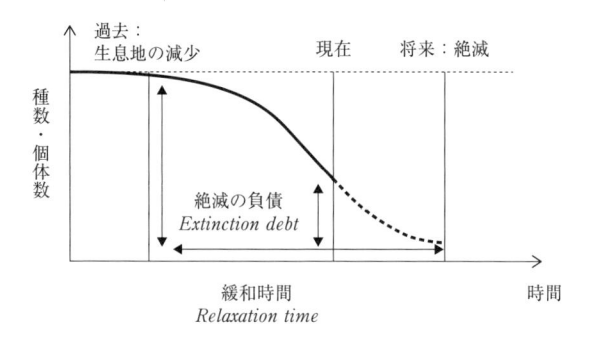

図 5.10　絶滅の負債の概念図
過去の景観変化によって将来的に失われると考えられる種数や個体数の減少量を絶滅の負債という。

要であると判断することができる。

　絶滅の負債を検出するための方法はいくつか存在するものの（Kuussaari et al., 2009），データの入手のしやすさから，大半の既往研究が，現在の種多様性パターンが過去と現在の景観構造（生息地面積など）のどちらでより説明できるかを調べる方法を用いている（図 5.8b, c）。現在の種多様性が，現在ではなく過去の生育地面積とより強い正の関係性を示す場合，過去の景観構造によって形成された種多様性のパターンが未だに残っている，つまり絶滅の負債が存在すると考えることができる。

　本節では，この手法を用いて，日本の里山に生育する草原性植物を対象とし，絶滅の負債の有無を検証した事例（Koyanagi et al., 2009）を紹介する。対象地域は茨城県の筑波稲敷台地域であり，明治時代には，台地上に採草地としての半自然草原が広がっていた地域である（スプレイグら，2000）。台地上の半自然草原の多くは，戦後に畑地化され，1980 年代以降は筑波研究学園都市の建設にともなって建物用地へと転用された。一部は，管理放棄され樹林化した状態にあるものの，道路沿いの林縁部では道路管理を目的とした定期的な草刈りが行われており，草原的な環境（明るい光環境）が維持されている（図 5.11）。こうした道路沿い林縁部における草原性植物群集を対象として，絶滅の負債の有無を検証するため，林縁部における草原性植物の種数を目的変数，過去から現在にかけての周辺の生育地面積割合を説明変数として，一般化線形モデルを用い

図 5.11 定期的な管理が行われているマツ林の林床（茨城県つくば市）
明るい光環境が維持されているため，林床には多様な草原性植物が生育する。

たモデル選択を行った。生育地としては，戦後 1950 年代以降 3 時期の地形図から，「荒地」と「森林」を潜在的生育地として抽出した。荒地は，「無立木地」と定義され，里山で維持管理されてきた茅場や採草地が含まれている（地理調査所地図部 編，1955）。「森林」を生育地としたのは，対象地において，かつて薪炭林として利用されてきたマツ林やクヌギ・コナラ林の林床にもさまざまな草原性植物が生育していたことが知られているからである（山本・糸賀，1988；図 5.11）。

モデル選択に用いた式は以下のとおりである。

$$\log(p_i) = \alpha + \beta_1 X_{1880} + \beta_2 X_{1950} + \beta_3 X_{1970} + \beta_4 X_{1990}$$

応答変数 p_i は，調査地（林縁）における草原性植物の種数であり，説明変数 $X_{1880}, X_{1950}, X_{1970}, X_{1990}$ は，各年代（1880 年代，1950 年代，1970 年代，1990 年代）の周辺 500 m 四方の生育地面積割合である。α は切片，$\beta_1, \beta_2, \beta_3, \beta_4$ は各説明変数の傾き（係数）を表す。応答変数が種数（離散値）であるため，ポアソン分布を仮定した log link 関数を用いた。

モデル選択の結果，現在の草原性植物の多様性は，現在よりも過去の周辺の生育地面積割合とより強い正の関係性を示すことがわかった（表 5.3）。AIC に基づくモデル選択の結果，説明力が高いと考えられる ΔAIC＜2 のモデルに

5.5 絶滅の負債に関する研究

表5.3 一般化線形モデルに基づくモデル選択の結果
現在の林縁部における草原性植物の種数を応答変数，年代ごとの周辺の生育地面積割合を説明変数とした．誤差構造として，ポアソン分布を仮定し，リンク関数として対数リンクを使用した．また，AIC に基づくモデル選択を行った．

Model No.	Intercept	1880s	1950s	1970s	1990s	AIC	ΔAIC
1	0.1828	—	1.2419	1.800	−1.4426	263.97	0.00
2	0.4258	—	1.3963	—	—	265.65	1.68
3	0.0526	0.1879	1.2054	1.7546	−1.3967	265.83	1.86
4	0.3282	—	1.2313	0.4135	—	266.57	2.60
5	0.1264	0.4012	1.3178	—	—	267.01	3.04
6	0.4387	—	1.4306	—	−0.0915	267.58	3.61

は，すべて1950年代の周辺生育地面積割合が説明変数として含まれ，現在の草原性植物の多様性と正の関係性を示した．ベストモデル（ΔAIC=0）には，1950年代に加えて1970年代と1990年代の周辺生育地面積割合が説明変数として含まれ，それぞれ，正と負の関係性を示した．

以上の結果から，対象地域における草原性植物群集には，絶滅の負債が存在することが予測され，過去（特に1950年代）に形成された種多様性のパターンが，生育地面積の消失が進んだ現在の景観においてもなお残されている可能性が高いことがわかった．近年の生育地面積割合と負の関係性を示した背景としては，近年の地形図から抽出される「荒地」や「森林」が，必ずしも草原性植物にとっての生育適地になっていない可能性が指摘される．伝統的な里山のシステムが崩壊した高度経済成長期以降（対象地域の場合，筑波研究学園都市の開発が活発化した1980年代以降）は，茅場や採草地としての「荒地」は消失し，代わりに土地造成を行った後の空地等が該当するようになった．同様に「森林」についても，その中身がかつての薪炭林として維持管理されていた林床の明るいマツ林やクヌギ・コナラ林から管理放棄林やスギ植林へと変化した．結果として近年の景観では，「荒地」や「森林」の面積割合と草原性植物の多様性が負の関係性を示したものと考えられる．

このように対象地域における現在の草原性植物の多様性パターンは，現在ではなく1950年代や1970年代の景観構造で説明できることがわかった．年代ごとの生育地割合を説明変数，地点ごとの現在の草原性植物の種数を目的変数と

するシンプルな一般化線形回帰モデルを用いることで，対象地域において絶滅の負債が存在する可能性を示した．対象地域のように，高度経済成長期以降，著しく都市化が進行した里山においては，残存する生育地を保全していくだけでなく，草原的な環境を積極的に再生していくことが重要だと考えられる．

引用文献

Berkes F, Colding J, Folke C (2003) *Navigating social-ecological systems. Building resilience for complexity and change.* Cambridge University Press

Breshears DD, Whicker JJ, Johansen MP, Pinder JE (2003) Wind and water erosion and transport in semi-arid shrubland, grassland and forest ecosystems: quantifying dominance of horizontal wind-driven transport. *Earth Surface Processes and Landforms*, 28: 1189-1209

Briske DD, Washington-Allen RA, Johnson C, et al. (2010) Catastrophic thresholds: a synthesis of concepts, perspectives, and applications. *Ecology and Society*, 15: 37

Callaway RM (2007) *Positive interactions and interdependence in plant communities.* Springer

Cavieres LA, Badano EI, Sierra-Almeida A, Molina-Montenegro MA (2007) Microclimatic modifications of cushion plants and their consequences for seedling survival of native and non-native herbaceous species in the high Andes of central Chile. *Arctic, Antarctic, and Alpine Research*, 39: 229-236

Diaz S, Lavorel S, McIntyre S, et al. (2007) Plant trait responses to grazing - a global synthesis. *Global Change Biology*, 13: 313-341

Ejrnaes R (2000) Can we trust gradients extracted by Detrended Correspondence Analysis? *Journal of Vegetation Science*, 11: 565-572

Fernandez-Gimenez ME, Allen-Diaz B (2001) Vegetation change along gradients from water sources in three grazed Mongolian ecosystems. *Plant Ecology*, 157: 101-118

Gómez-Aparicio L (2009) The role of plant interactions in the restoration of degraded ecosystems: a meta-analysis across life-forms and ecosystems. *Journal of Ecology*, 97: 1202-1214

Groffman P, Baron J, Blett T, et al. (2006) Ecological thresholds: the key to successful environmental management or an important concept with no practical application? *Ecosystems*, 9: 1-13

Joern A. (2005) Disturbance by fire frequency and bison grazing modulate grasshopper assemblages in tallgrass prairie. *Ecology*, 86: 861-873

Kenkel NC, Orloci L (1986) Applying metric and nonmetric multidimensional scaling to ecological studies, some new results. *Ecology*, 67: 919-928

Kleijn D, Rundlöf M, Scheper J, et al. (2011) Does conservation on farmland contribute to halting the biodiversity decline? *Trends in Ecology and Evolution*, 26: 474-481

Koyama A, Sasaki T, Jamsran U, Okuro T (2015) Shrub cover regulates population dynamics of herbaceous plants at individual shrub scale on the Mongolian steppe. *Journal of Vegetation Science*, 26: 441-451

Koyanagi, FT, Yamada S, Yonezawa K, et al. (2014) Plant species richness and composition under different disturbance regimes in marginal grasslands of a Japanese terraced paddy field landscape. *Applied Vegetation Science*, 17: 636-644

Koyanagi T, Kusumoto Y, Yamamoto S, et al. (2009) Historical impacts on linear habitats: the present distribution of grassland species in forest-edge vegetation. *Biological Conservation*, **142**: 1674-1684

Kuussaari M, Bommarco R, Heikkinen RK, *et al.* (2009) Extinction debt: a challenge for biodiversity conservation. *Trends in Ecology & Evolution*, **24**: 564-571

Landsberg J, James CD, Morton SR, *et al.* (2003) Abundance and composition of plant species along grazing gradients in Australian rangelands. *Journal of Applied Ecology*, **40**: 1008-1024

Lindborg R, Eriksson O (2004) Historical landscape connectivity affects present plant species diversity. *Ecology*, **85**: 1840-1845

松村俊和・内田圭・澤田佳宏 (2014) 水田畦畔に成立する半自然草原植生の生物多様性の現状と保全, 植生学会誌, **31**: 193-218

McIntyre S, Lavorel S (2001) Livestock grazing in subtropical pastures: steps in the analysis of attribute response and plant functional types. *Journal of Ecology*, **89**: 209-226

Millennium Ecosystem Assessment (2005) *Ecosystems and human Well-being: current state and trends: findings of the condition and trends working group*, Island Press

Öckinger E and Smith, HG (2007) Semi-natural grasslands as population sources for pollinating insects in agricultural landscapes. *Journal of Applied Ecology*, **44**: 50-59

小椋純一 (2006) 日本の草地面積の変遷. 京都精華大学紀要, **30**: 159-172

Padilla FM, Pugnaire FI (2006) The role of nurse plants in the restoration of degraded environments. *Frontiers in Ecology and the Environment*, **4**: 196-202

Pimm S, Russell GJ, Gittleman J, Brroks TM (1995) The future of biodiversity. *Science*, **269**: 347-350

Pöyry J, Paukkunen J, Heliölä J, Kuussaari M (2009) Relative contributions of local and regional factors to species richness and total density of butterflies and moths in semi-natural grasslands. *Oecologia*, **160**: 577-587

Pugnaire FI, Haase P, Puigdefábregas J (1996) Facilitation between higher plant species in a semiarid environment. *Ecology*, **77**: 1420-1426

Sasaki T, Ohkuro T, Jamsran U, Takeuchi K (2012) Changes in the herbage nutritive value and yield associated with threshold responses of vegetation to grazing in Mongolian rangelands. *Grass and Forage Science*, **67**: 446-455

Sasaki T, Okayasu T, Jamsran U, Takeuchi K (2008) Threshold changes in vegetation along a grazing gradient in Mongolian rangelands. *Journal of Ecology*, **96**: 145-154

Sasaki T, Okubo S, Okayasu T, Jamsran U, *et al.* (2011) Indicator species and functional groups as predictors of proximity to ecological thresholds in Mongolian rangelands. *Plant Ecology*, **212**: 327-342

Sala OE, Stuart CF, Armesto JJ, *et al.* (2000) Global biodiversity scenarios for the year 2100. *Science*, **287**: 1770-1774

重定南奈子・露崎史朗 編著 (2008) 撹乱と遷移の自然史:「空き地」の植物生態学, 北海道大学出版会

スプレイグ DS・後藤厳寛・守山弘 (2000) 迅速測図の GIS 解析による明治初期の農村土地利用の分析. ランドスケープ研究, **63**: 771-774

Tilman D, May RM, Lehman CL, Nowak MA (1994) Habitat Destruction and the Extinction Debt, *Nature*, **371**: 65-66

地理調査所地図部 編 (1955) 日本の土地利用. 古今書院

Todd SW (2006) Gradients in vegetation cover, structure and species richness of Nama-Karoo shrublands in relation to distance from watering points. *Journal of Applied Ecology*, **43**: 293-304

Tscharntke T, Klein AM, Kruess A, et al. (2005) Landscape perspectives on agricultural intensification and biodiversity-ecosystem service management. *Ecology Letters*, 8: 857-874

Uchida K, Ushimaru A (2014a) Biodiversity declines due to abandonment and intensification of agricultural lands: patterns and mechanisms. *Ecological Monographs*, 84: 637-658

Uchida K, Ushimaru A (2014b) Biodiversity has been maintained with intermediate disturbance in traditional agricultural lands. *Bulletin of the Ecological Society of America*, 95: 439-443

丑丸敦史（2012）畦の上の草原—里草地『草地と日本人　日本列島草原一万年の旅』（須賀丈・岡本透・丑丸敦史　編）161-214．築地書館

山本勝利・糸賀黎（1988）茨城県南西部におけるアカマツ平地林の森林型とその分布．造園雑誌, **51**: 150-155

付録　Rで植物群集データの解析を行うための主なパッケージと解析手法

　本書の第2～4章で紹介した植物群集解析の各手法のうち主要なものについて，統計環境Rで解析するためのパッケージを紹介する。なお，各パッケージのバージョン情報はすべて2015年3月現在のものである。

第2章　植物群集の序列化と分類

vegan（version 2.2-11; Oksanen *et al.*, 2015）
　群集解析のために開発されたパッケージであり，さまざまな解析手法を網羅している。
・群集の類似性：2.2節
　vegdistというコマンドを用いて，群集間の非類似度指数を算出することができる。非類似度指数としては，Sørensen，Jaccard，ユークリッド距離，Bray-Curtis，Gowerなどさまざまな指数がカバーされている。
・群集の序列化：2.3節
　間接傾度分析のうち，除歪対応分析（DCA）と非計量多次元尺度法（NMDS）について，それぞれdecoranaとmetaMDSという関数を用いて解析することができる。また，直接傾度分析である正準対応分析（CCA）と冗長分析（RDA）についても，それぞれccaおよびrdaという関数を用いて解析できる。

stats（version 2.15.3; R Core Team, 2013）
　広範な解析手法を網羅しているパッケージで，R本体のインストールと同時にインストールされるパッケージとなるため，追加で導入する必要はない。

- 群集の序列化：2.3 節
いくつかの間接傾度分析手法をカバーしている。たとえば、主成分分析（PCA）について princomp や prcomp という関数を用いて解析することができる。また、主座標分析（PCoA）についても、cmdscale という関数で解析することができる。
- 群集の分類：2.4 節
階層的クラスター分析を実行するための関数として hclust がある。分類に用いる（非）類似度行列とクラスタリング手法を複数の選択肢から選ぶことができる。

MASS（version 7.3-37; Venables and Ripley, 2002）
- 群集の序列化：2.3 節
反復平均法（CA）は、パッケージ MASS で分析することができる。corresp という関数を用いる。非計量多次元尺度法（NMDS）についても isoMDS という関数で実行することができる。

labdsv（version 1.6-1; Roberts, 2013）
- 群集の分類：2.4 節
群集を特徴づける種（indicator species）を抽出するための手法である指標種分析 INSPAN を実行することができる。indval という関数を用いる。

tree（version 1.0-35; Ripley, 2014）
- 群集の分類：2.4 節
分類樹木および回帰樹木の分析に特化したパッケージであり、関数 tree をはじめとするさまざまな関数を用いて、樹木の剪定や図化が可能である。

第3章　植物群集の多様性の解析

vegan（version 2.2-11; Oksanen et al., 2015）
- 種の多様性の算出：3.2 節
群集データの種数は、specnumber を用いて算出することができる。

Shannon と Simpson の多様度指数は，diversity という関数を用いて算出できる．Shannon および Simpson の均等度指数は，specnumber と diversity を組み合わせることで計算することができる．

・機能的多様性（FR_d）の算出：3.3.1項

　FR_d（functional dendrogram）は，パッケージ内の treedive という関数を用いて計算できる．ただし，treedive を算出する前に，階層クラスタリング（パッケージ stats 内の hclust を用いる）を行う必要がある．

・Rarefaction：Box 3.4

　sample-based rarefaction は specaccum という関数を用い，individual-based rarefaction は rarefy という関数を用いる．ただし，オリジナル（Colwell *et al*., 2004; Coleman *et al*., 1982）とは計算方法が若干異なるので，オリジナルを用いたい場合は自ら R に計算式を書くことをおすすめする．

・多様性の加法分割：3.5.1項

　パッケージ内の adipart という関数を用いて，多様性の加法分割を行うことができる．

・多様性の空間パターンの定量化：3.5.3項

　多様性の空間パターン（入れ子構造，チェッカー盤など）の定量化は，パッケージ内の nestedchecker（チェッカー盤構造の解析），nestednodf（入れ子構造の解析）などを用いて行うことができる．また帰無モデルによる解析は，oecosimu という関数を組み合わせて用いることで，実行可能である．

FD（version 1.0-12; Laliberté *et al*., 2014）

　機能的多様性の定量化およびその解析に関連する多くの関数を収録したパッケージであり，機能的多様性の研究において広く用いられている．オリジナルの文献は，Laliberté and Legendre（2010）．

・機能的多様性（FR_v，FE_{ve}，FD_{Rao}，FD_{is}）の算出：3.3節

　3.3節で紹介した機能的多様性の大半は，パッケージ FD を用いて計算可能である．パッケージ内の dbFD という関数を用いることにより，FR_v（convex hull），FE_{ve}（functional evenness index），FD_{Rao}（Rao's quadratic entropy），FD_{is}（functional dispersion index）を1度に計算できる．

- Gower 距離の算出：3.3.1 項
種の形質に基づく種間の Gower 距離を算出したい場合は，パッケージ内の gowdis という関数を用いる。

picante（version 1.6-2; Kembel *et al.*, 2014）
系統的多様性の定量化およびその解析に関連する多くの関数を収録したパッケージである。なお，系統的多様性の算出にあたっては，種間の系統的距離の情報が必要となる。オリジナルの文献は，Kembel *et al.*（2010）。
- 系統的多様性（Faith's PD）の算出：3.4.1 項
パッケージ内の pd という関数を用いることにより，計算できる。
- 系統的多様性（MPD）の算出：3.4.1 項
MPD（mean phylogenetic diversity）は，パッケージ内の raoD という関数を用いることにより，計算できる。
- 系統的多様性（MNND）の算出：3.4.1 項
MNND（mean nearest neighbor distance）は，パッケージ内の comdistnt という関数を用いることにより，計算できる。

第 4 章　植物群集データを用いた回帰分析

stats（version 2.15.3; R Core Team, 2013）
- 確率分布：4.2.1 項
正規分布，ポアソン分布，二項分布，ガンマ分布は，それぞれ dnorm, dpois, dbin, dgamma という関数を用いることで，描くことができる。
- 線形回帰（LM）：4.3 節
LM（linear regression model）は lm という関数を用いることにより実行できる。
- 一般化線形モデル（GLM）：4.4 節
GLM（generalized linear model）は glm という関数を用いることにより実行できる。

- 最大対数尤度の算出：Box 4.2
  最尤法における最大対数尤度は，logLik という関数により算出できる。

MASS（version 7.3-37; Venables and Ripley, 2002）
- AIC モデル選択：4.4.3項
  AIC（Akaike Information Criterion）に基づくモデル選択は，stepAIC という関数により実行できる。

glmmML（version 1.0; Broström and Holmberg, 2011）
- GLMM：4.5節
  ポアソン分布あるいは二項分布を用いた GLMM（Generalized linear mixed model）は，glmmML という関数を用いることにより実行できる。

lme4（version 1.1-7; Bates et al., 2014）
- 一般化線形混合モデル（GLMM）：4.5節
  正規分布やガンマ分布を用いた GLMM は，glmer という関数を用いることにより実行できる。

car（version 2.0-25; Fox et al., 2015）
- 多重共線性：4.3.2項
  変数間の多重共線性を評価するための分散拡大係数（VIF）は，vif という関数により算出できる。

MuMIn（version 1.13.4; Bartón, 2015）
- モデル選択：4.4.3節
  AIC を含むさまざまな基準によるモデル選択は，dredge という関数により実行できる。

gam（version 1.09.1; Hastie et al., 2014）
- 一般化加法モデル（GAM）：Box 4.3
  GAM は gam という関数を用いることで実行できる。

R2WinBUGS（version 2.1-19; Sturtz and Ligges, 2013）
・ベイズモデルの事後分布の推定：**Box 4. 4**

write. model という関数を用いることで，ベイズ統計モデルのパラメータ推定を行うソフトウェア WinBUGS を R から実行することができる。

sem（version 3.1-5; Fox *et al.*, 2014）
・SEM（structural equation modelling：構造方程式モデル）：**4. 6 節**

SEM は，パッケージ sem 内の sem という関数を用いて実行可能である。オリジナルの文献は，Fox（2006）。

引用文献

Bartoń K (2015) MuMIn: Multi-Model Inference. R package version 1.13.4. http://CRAN.R-project.org/package=MuMIn

Bates D, Maechler M, Bolker B, *et al.* (2014) lme4: Linear mixed-effects models using Eigen and S4. R package version 1.1-7. http://CRAN.R-project.org/package=lme4

Broström G, Holmberg H (2011) Generalized linear models with clustered data: fixed and random effects models. *Computational Statistics and Data Analysis*, **55**: 3123-3134

Coleman BD, Mares MA, Willig MR, Hsieh YH (1982) Randomness, area, and species richness. *Ecology*, **63**: 1121-1133

Colwell RK, Mao CX, Chang J (2004) Interpolating, extrapolating, and comparing incidence-based species accumulation curves. *Ecology*, **85**: 2717-2727

Fox J (2006) Structural equation modeling with the sem package in R. *Structural Equation Modeling*, **13**: 465-486

Fox J, Weisberg S, Adler D, *et al.* (2015) car: Companion to Applied Regression. R package version 2.0-25. http://CRAN.R-project.org/package=car

Hastie T (2014) gam: Generalized Additive Models. R package version 1.09.1. http://CRAN.R-project.org/package=gam

Kembel SW, Cowan PD, Helmus MR, *et al.* (2010) Picante: R tools for integrating phylogenies and ecology. *Bioinformatics*, **26**: 1463-1464

Kembel SW, Ackerly DD, Blomberg SP, *et al.* (2014) picante. R package version 1.6-2. http://cran.r-project.org/web/packages/picante/picante.pdf

Laliberté E, Legendre P (2010) A distance-based framework for measuring functional diversity from multiple traits. *Ecology*, **91**: 299-305

Laliberté E, Legendre P, Shipley B (2014) FD. R package version 1.0-12. http://cran.r-project.org/web/packages/FD/FD.pdf

Oksanen J, Blanchet FG, Kindt R, *et al.* (2015) vegan: Community ecology package. R package version 2.2-1. http://CRAN.R-project.org/package=vegan

R Core Team (2013) R: A language and environment for statistical computing. R Foundation for Statistical Computing, Vienna, Austria. http://www.R-project.org/

付表　Rで植物群集データの解析を行うための主なパッケージ

章・節	解析手法	パッケージ（関数）	本文該当ページ
2.2	（非）類似度指数 Sørensen, Jaccard, ユークリッド距離, パーセンテージ類似度, Bray-Curtis, 等	vegan（vegdist）	p. 26, 27
2.3	序列化		
	PCA	stats（princomp もしくは prcomp）	p. 29
	CA	MASS（corresp）	p. 35
	DCA	vegan（decorana）	p. 37
	PCoA	stats（cmdscale）	p. 40
	NMDS	vegan（metaMDS）, labdsv（nmds）, MASS（isoMDS）	p. 43
	CCA	vegan（cca）	p. 47
	RDA	vegan（rda）	p. 48
2.4	分類		
	階層的クラスター分類	stats（hclust）	p. 50
	TWINSPAN	※1	p. 54
	INSPAN	labdsy（indval）	p. 59
	分類樹木・回帰樹木	tree（tree ほか）	p. 62
3.2	種の多様性		
	種数	vegan（specnumber）	p. 72
	Shannon および Simpson の多様度指数, 均等度指数	vegan（diversity）	p. 74, 75, 76
3.3	機能的多様性		
	FR_d	vegan（treedive）	p. 88
	$FR_v, FE_{ve}, FD_{Rao}, FD_{is}$	FD（dbFD）	p. 86, 91, 93
3.4	系統的多様性		
	Faith's PD	picante（pd）	p. 101
	MPD	picante（raoD）	p. 102
	MNND	picante（comdistnt）	p. 102
Box 3.4	Rarefaction	vegan（specaccum もしくは rarefy）	p. 114
3.5	多様性の加法分割	vegan（adipart）	p. 110
	多様性の空間パターンの定量化	vegan（nestedchecker）, vegan（nestednodf）, vegan（oecosimu） など	p. 115
4.2	確率分布	stats（dnorm, dpois, dbin, dgamma）	p. 129
4.3	LM	stats（lm）	p. 138
	多重共線性	car（vif）	p. 143
4.4	GLM	stats（glm）	p. 147
	モデル選択	MASS（stepAIC）, MuMIn（dredg）	p. 154
Box 4.2	最大対数尤度	stats（logLik）	p. 151
4.5	GLMM	glmmML（glmmML）, lme4（glmer）	p. 157
Box 4.3	GAM	gam（gam）	p. 163
Box 4.4	階層ベイズモデル	R2WinBUGS（write. model）	p. 164
4.6	SEM	sem（sem）	p. 165

※1　Rで実行するためのパッケージおよび関数は存在しない. 有料ソフトである PC-ORD (ver. 6, 2014年11月12日現在, http://home.centurytel.net/~mjm/pcordwin.htm) もしくはフリーソフト WinTWINS (ver. 2.3, 2015年1月29日現在, http://www.canodraw.com/wintwins.htm) を用いる必要がある.

Ripley B (2014) tree: Classification and regression trees. R package version 1.0-35. http://CRAN.R-project.org/package=tree

Roberts DW (2013) labdsv: Ordination and multivariate analysis for ecology. R package version 1.6-1. http://CRAN.R-project.org/package=labdsv

Sturtz S, Ligges U (2013) R2WinBUGS: Running WinBUGS and OpenBUGS from R / S-PLUS. R package version 2.1-19. http://CRAN.R-project.org/package=R2WinBUGS

Venables WN, Ripley BD (2002) *Modern applied statistics with S. 4th Edition.* Springer

索　引

【欧字】

aerial cover ································ 3
Akaike Information Criterion（AIC）········ 155
arch effect　→アーチ効果
α多様性 ····························72, 107, 109
basal cover································ 4
β多様性 ························72, 107, 109, 115
block 効果································ 8
Bray-Curtis の非類似度指数（Bray-Curtis dissimilarity index）·······················27
canonical correspondence analysis（CCA）
································30, 47
classification tree　→分類樹木
correspondence analysis（CA）··········30, 35
Convex hull volume ·······················86
cross validation　→交差検証
detrended correspondence analysis（DCA）
································30, 37
differential species　→識別種
direct gradient analysis　→直接傾度分析
dissimilarity index　→非類似度指数
effect size　→効果量
eigenvalue　→固有値
Euclidean distance　→ユークリッド距離
extent　→広がり
factor loading　→因子負荷量
Faith's PD······························101
Functional dendrogram ·····················88
Functional dispersion index ················93
Functional evenness index ·················91
Functional range ························85
Functional regularity index ·················91

GAM（generalized additive model）········ 163
γ多様性 ····························72, 107, 109
Gini 指数 ································65
generalized linear model（GLM）········· 147
generalized linear mixed model（GLMM）··· 157
GLORIA ································21
Gower 距離 ···························87, 89
gradient lengths ························39
grain　→解像度
hierarchical clustering　→階層的クラスター効果
impurity value　→不純度
indicator species　→指標種
Indicator Species Analysis（INSPAN）·······59
indicator value（IV あるいは IndVal）　→指標価値
indirect gradient analysis　→間接傾度分析
Jaccard の類似度指数 ·····················26
Kruskal の方法 ··························43
linear regression model（LM）············ 138
LTER ································21
MDSCAL　→ Kruskal の方法
Mean nearest neighbor distance ············ 102
Mean phylogenetic distance ············· 102
Min＋1SE ルール ·······················65
Multi-Response Permutation Procedures（MRPP）·······························58
nonmetric multidimentional scaling（NMDS）
································30, 43
nestedness metric based on overlap and decreasing fill（NODF）················· 116
overuse ·······························181
percentage of varience　→寄与率

percentage similarity index →パーセンテージ類似度
principal component analysis（PCA）……………………………………29, 30, 182
principal coordinate analysis（PCoA）…… 30, 40
proportional similarity index →パーセンテージ類似度
pseudo species →仮想種
range-standardization ……………………87
Rao's quadratic entropy …………………93
rarefaction curve ………………… 111, 114
redundancy analysis（RDA）…………30, 48
reciprocal averaging（RA）…………30, 35
reduced impact logging …………………95
redundancy →冗長度
regression tree →回帰樹林
segment →節
SEM →構造方程式モデル
Sørensen の類似度指数 ……………………26
Shannon の均等度指数 ……………………76
Shannon の多様度指数 ……………………74
similarity index →類似度指数
Simpson の均等度指数 ……………………76
Simpson の多様度 …………………………93
Simpson の多様度指数 ……………………75
Simpson の単純度指数 ……………………75
STRESS 値 …………………………………43
Two-way Indicator Species Analysis（TWINSPAN）………………………54
underuse ………………………………… 180
variance inflation factor（VIF）………… 143
Wald 統計量 …………………………… 150
Z 変換 ………………………………………87

【あ】

アーチ効果………………………… 33, 34, 35, 37
赤池情報量規準 ………………………… 155, 175
アバンダンス………………………………… 10, 11
アバンダンスデータ……………………………11

一般化加法モデル → GAM ……………… 163
一般化線形混合モデル → GLMM
………………………………… 127, 157, 178, 183
一般化線形モデル → GLM ……… 127, 147, 189
遺伝子レベルの多様性……………………………71
移入…………………………………………… 107, 116
入れ子構造……………………………………… 115
因子負荷量……………………………………………33
ウォード法…………………………………… 51, 52
永久調査区……………………………………………19
応答変数………………………………………………3

【か】

開花量…………………………………………… 182
回帰樹木…………………………………………63
回帰分析………………………………………… 126
回帰平面………………………………………… 142
階層的クラスター分類……………………… 50, 88
解像度……………………………………… 17, 113
階層ベイズモデル……………………………… 164
攪乱………………………………………………77
確率分布………………………………………… 129
確率密度関数…………………………………… 130
加重平均法………………………………………30
仮想種……………………………………………55
過大分散………………………………………… 158
加法分割………………………………………… 104
過放牧…………………………………………… 174
環境傾度…………………………………………6, 14
環境傾度分析……………………………………14
環境勾配…………………………………………16
環境収容力…………………………………… 116
環境ストレス…………………………………… 177
環境耐性………………………………………… 177
環境データ………………………………………7
環境特性…………………………………………16
環境フィルタリング…………………………… 105
環境要因データ…………………………… 12, 13
観察研究………………………………………………2

索引

間接傾度分析 ……………… 28, 29, 30
乾燥・半乾燥地域 ………………… 174
ガンマ分布 ………………………… 133
管理放棄 …………………… 19, 184, 187
気候的極相 ………………………… 19
気候的極相林 ……………………… 15
季節性 ……………………………… 19
機能群 ……………………… 79, 176
機能的多様性 …………………… 72, 82
機能的な均等度 ………………… 85, 90
機能的な多様度 ………………… 85, 92
機能的な豊かさ ………………… 85
帰無モデル ……………………… 120
胸高周囲長 ……………………… 12
胸高断面積 ……………………… 12
胸高直径 …………………… 5, 12
凝集型階層手法　→階層的クラスター分類
競争 ……………………………… 176
競争排除 ………………………… 117
共変量 …………………………… 8
局所植物群集 …………………… 7
局所絶滅 ……………………… 82, 116
局所適応 ………………………… 98
寄与率 …………………………… 33
均等度 …………………………… 73
均等度指数 ……………………… 73
空間スケール ………………… 15, 72
空間単位 ………………………… 15
空間的安定性 …………………… 97
空間的異質性 …………………… 18
クラスタリング ………………… 50
クラスタリング法　→階層的クラスター分類
クレード ………………………… 105
クロノシーケンス ……………… 19
群集集合 ………………………… 101
群集集合の履歴 ………………… 118
群集生態学 ……………………… 1
群平均法 ……………………… 51, 52
景観 ……………………………… 15

景観構造 ……………………… 182, 187
景観変数 ………………………… 182
形質 …………………………… 14, 72
形質情報 ………………………… 82
形質値のスケーリング ………… 87
形質値の標準化 ………………… 87
形質の選び方 …………………… 87
形質の多次元性 ………………… 82
系統構造 ………………………… 104
系統樹 …………………………… 100
系統情報 ………………………… 101
系統進化 ………………………… 104
系統的距離 ……………………… 100
系統的多様性 ………………… 72, 99
系統的な等質化 ………………… 105
傾度の長さ ……………………… 39
畦畔 …………………………… 108, 181
計量多次元尺度法　→PCoA
結合法 …………………………… 50
決定係数 ………………………… 140
効果量 …………………………… 59
交互作用 ……………………… 141, 153
交互平均法　→RA
交差検証 ………………………… 65
高層湿原 ……………………… 95, 119
構造方程式モデル ………… 127, 165
恒等リンク ……………………… 148
コーフェン行列 ………………… 51
誤差構造 ………………………… 148
個体数 ………………………… 3, 11
固定効果 ………………………… 158
コドラート ……………………… 3
コドラート法 …………………… 3
固有値 ………………………… 33, 41, 48
固有ベクトル ……………… 33, 41, 48
混合効果 ………………………… 158
混植区 …………………………… 81

【さ】

在・不在データ……………………………11
最遠隣法………………………………51, 52
最近隣法………………………………51, 52
再現性……………………………………7
最小二乗法………………………………139
最小全域木………………………………91
最短距離法　→最近隣法
最長距離法　→最遠隣法
在不在データ……………………………116
最尤推定法…………………………149, 151
里山………………………………………187
残差平方和………………………………141
散布図……………………………………128
恣意性……………………………………7
時間スケール……………………………15
識別種…………………………………54, 56
資源利用…………………………………80
自然高……………………………………5
実験区画…………………………………8
実験研究…………………………………2
実験効果…………………………………8
指標価値…………………………………60
指標種……………………………………59
尺度………………………………………137
重心法…………………………………51, 52
主座標分析　→PCoA
樹状図　→デンドログラム
主成分分析　→PCA
出現種リスト……………………………10
種間の形質の変異………………………98
種間の相互作用…………………………1
種数…………………………………11, 71, 72
種数―面積関係………17, 107, 111, 114
種組成……………………………………10
種組成データ……………………10, 12, 13
種組成表…………………………………10
種内の形質の変異………………………98

種の置き換わり…………………………115
種の空間分布……………………………115
種の形質データ………………12, 14, 84
種の消失シナリオ………………………95
種の多様性………………………………71
種レベルの多様性………………………71
順序尺度……………………………43, 137
冗長度……………………………………48
冗長分析　→RDA
消費者群集………………………………185
植食性昆虫………………………………182
植生………………………………………1
植生遷移……………………………19, 34
植物群集…………………………………1
植物群集データ………………………1, 2
植物群集の序列化………………………28
植物群落…………………………………1
序列化……………………………………13
除歪対応分析　→DCA
飼料資源…………………………………174
人為的攪乱………………………………19
人為的管理………………………………187
スウィーピング…………………………182
スプリングエフェメラル………………20
正規分布…………………………………130
脆弱性…………………………………92, 95
正準対応分析　→CCA
生態学的閾値……………………………173
生態系……………………………………1
生態系管理………………………………180
生態系機能……………………………79, 136
生態系修復………………………………176
生態系の安定性…………………………136
生態系の機能性…………………………82
生態系の持続的な利用…………………176
生態系のレジリエンス…………………82
生態系レベルの多様性…………………71
生物学的多様性…………………………82
生物間相互作用…………………………176

生物群集·················1, 71
生物多様性·················71
生物多様性条約·················71
生物多様性と生態系機能の関係·················79
生物多様性保全·················115, 180, 186
生物地理学·················107, 115
節·················37
説明変数·················3
絶滅·················107, 116
絶滅危惧植物·················187
絶滅の負債·················187
ゼロ過剰·················158
ゼロ過剰データ·················178
線形回帰 →LM·················127, 138
線形重回帰·················139, 141
線形性·················31
線形単回帰·················139
線形予測子·················148
選択効果·················80
相関·················126
相観·················21
操作·················8
相対アバンダンス·················60
相対出現頻度·················60
相対優占度·················73
相対優占度曲線·················73
相補性効果·················79
促進効果·················176
促進作用·················79

【た】

対応分析 →CA
対照区·················8
対数尤度·················151
対数リンク·················148
代理変数·················66
多重共線性·················143
多変量解析·················25
多変量データ·················12, 24, 71

ダミー変数·················138, 150
多面的機能·················136, 144
多様度指数·················73
単植区·················80, 81
チェッカー盤·················115
中央値法 →メディアン法
虫媒植物·················182
調査区·················6
調査努力量·················9
直接傾度分析·················28, 30, 47
定性的データ·················9
蹄鉄効果 →アーチ効果
定量的データ·················10
データの信頼性·················9
データの妥当性·················9
デンドログラム·················51, 88
統計解析ソフトR·················22
島嶼生態系·················116
都市化·················192
土地利用·················15, 182

【な】

二項分布·················133
二値·················10
二値データ·················11
ニッチ·················79, 85, 90, 116
ニッチ幅·················14
人間社会と自然の複合システム·················176
農業生態系·················180

【は】

パーセンテージ類似度·················27
バイオーム·················21
バイオマス·················5, 12
バイプロット·················49
箱ひげ図·················149
パス解析·················165
パス図·················165
半自然生態系·················180

半自然草原……………………………189
反復平均法　→ RA
非計量多次元尺度法　→ NMDS
非線形………………………………173
非線形性………………………………31
微地形…………………………………15
被度…………………………………3, 12
被度階級………………………………5
表現型の可塑性………………………98
標準化………………………………142
標準化偏回帰係数…………………143
非類似度………………………………89
非類似度指数…………………26, 111
広がり…………………………………16
風食…………………………………177
不可逆的……………………………173
復元抽出………………………………75
不純度…………………………………64
フロラ調査……………………………20
分割法…………………………………50
分岐変数………………………………66
分散拡大係数………………………143
分子系統樹…………………………100
分断化………………………………119
分類………………………………13, 50
分類学上の多様性…………………103
分類樹木………………………………62
平均連結法　→群平均法
ベイズ統計……………………………22

ベルトトランセクト…………………5
偏回帰係数…………………………141
ポアソン分布………………………131
放牧傾度……………………………174

【ま】

毎木調査………………………………5
マウンド……………………………177
名義尺度……………………………137
メディアン法……………………51, 52
モデル選択…………………………154
モニタリング調査……………………19
モンテカルロ法…………………44, 60

【や】

ユークリッド距離………………27, 89
尤度…………………………………151

【ら】

ライントランセクト…………………5
乱塊法…………………………………8
ランダム効果………………………158
量的尺度……………………………137
リンク関数…………………………148
類似度指数……………………26, 111
累積寄与率……………………………33
連関度…………………………………66
ロジスティック回帰………………152
ロジットリンク……………………148

Memorandum

Memorandum

Memorandum

【著者紹介】

佐々木 雄大（ささき たけひろ）
2009年　東京大学大学院農学生命科学研究科博士後期課程修了
現　在　千葉大学大学院理学研究科 特任助教
専　門　生態系管理学，生物多様性保全学
主　著　「草原生態学」東京大学出版会（2015）
　　　　「生態適応科学」（分担執筆）日経BP社（2013）
　　　　「エコシステムマネジメント」（分担執筆）共立出版（2012）

小山 明日香（こやま あすか）
2011年　北海道大学大学院環境科学院博士後期課程修了
現　在　国立研究開発法人森林総合研究所 非常勤特別研究員
専　門　植物生態学

小柳 知代（こやなぎ ともよ）
2010年　東京大学大学院農学生命科学研究科博士後期課程修了
現　在　東京学芸大学環境教育研究センター 講師
専　門　景観生態学
主　著　「保全生態学の挑戦—空間と時間のとらえ方—」（分担執筆）東京大学出版会（2015）

古川 拓哉（ふるかわ たくや）
2011年　横浜国立大学大学院環境情報学府環境生命学専攻博士課程後期単位取得退学
現　在　国立研究開発法人森林総合研究所 研究員
専　門　生態系管理学
主　著　「エコシステムマネジメント」（分担執筆）共立出版（2012）
　　　　「生態系の暮らし方」（コラム執筆）東海大学出版（2012）

内田 圭（うちだ けい）
2014年　神戸大学大学院人間発達環境学研究科博士課程後期課程修了
現　在　神戸大学大学院人間発達環境学研究科 研究員を経て，
　　　　東京大学大学院総合文化研究科広域システム科学系 特任研究員
専　門　生物多様性保全学

生態学フィールド調査法シリーズ 3 *Handbook of Methods* *in Ecological Research 3* **植物群集の構造と多様性の解析** *Data Analysis of* *Plant Community Structure* *and Diversity*	著 者　佐々木雄大・小山明日香 　　　　小柳知代・古川拓哉　　Ⓒ 2015 　　　　内田　圭 発行者　南條光章 発行所　**共立出版株式会社** 　　　　〒112-0006 　　　　東京都文京区小日向4-6-19 　　　　電話　(03)3947-2511（代表） 　　　　振替口座　00110-2-57035 　　　　URL　http://www.kyoritsu-pub.co.jp/
2015 年 10 月 15 日　初版 1 刷発行 2017 年 9 月 10 日　初版 2 刷発行	印　刷　精興社 製　本　ブロケード
検印廃止 NDC 468.4	一般社団法人 自然科学書協会 会員
ISBN 978-4-320-05751-7	Printed in Japan

JCOPY ＜出版者著作権管理機構委託出版物＞
本書の無断複製は著作権法上での例外を除き禁じられています．複製される場合は，そのつど事前に，出版者著作権管理機構（ＴＥＬ：03-3513-6969, ＦＡＸ：03-3513-6979, e-mail：info@jcopy.or.jp）の許諾を得てください．

Encyciopedia of Ecology
生態学事典

編集：巌佐 庸・松本忠夫・菊沢喜八郎・日本生態学会

「生態学」は、多様な生物の生き方、関係のネットワークを理解するマクロ生命科学です。特に近年、関連分野を取り込んで大きく変ぼうを遂げました。またその一方で、地球環境の変化や生物多様性の消失によって人類の生存基盤が危ぶまれるなか、「生態学」の重要性は急速に増してきています。
そのような中、本書は日本生態学会が総力を挙げて編纂したものです。生態学会の内外に、命ある自然界のダイナミックな姿をご覧いただきたいと考えています。

『生態学事典』編者一同

7つの大課題

I. 基礎生態学
II. バイオーム・生態系・植生
III. 分類群・生活型
IV. 応用生態学
V. 研究手法
VI. 関連他分野
VII. 人名・教育・国際プロジェクト

のもと、298名の執筆者による678項目の詳細な解説を五十音順に掲載。生態科学・環境科学・生命科学・生物学教育・保全や修復・生物資源管理をはじめ、生物や環境に関わる広い分野の方々にとって必読必携の事典。

A5判・上製本・708頁
定価（本体13,500円＋税）

※価格は変更される場合がございます※

共立出版

http://www.kyoritsu-pub.co.jp/